AF249386

Couvertures supérieure et inférieure
manquantes

MÉTHODE EUDIOMÉTRIQUE

POUR

L'ANALYSE RAPIDE DES GAZ

PAR

CHARLES BLAREZ

Licencié ès-sciences physiques,
Chef des travaux chimiques et pharmaceutiques à la Faculté de Médecine et de Pharmacie
de Bordeaux.

PARIS
LIBRAIRIE BROUSSOIS
6, rue Dupuytren, 6

BORDEAUX
LIBRAIRIE H. DUTHU
13, rue Sainte-Catherine, 13

1881

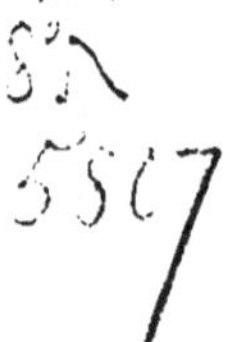

A MON EXCELLENT MAITRE

MONSIEUR LE DOCTEUR MICÉ

PROFESSEUR DE CHIMIE

A LA FACULTÉ DE MÉDECINE ET DE PHARMACIE DE BORDEAUX

Hommage reconnaissant et affectueux,

C. BLAREZ.

INTRODUCTION

L'analyse, soit qualitative, soit quantitative, des gaz est une opération longue et difficile. Elle nécessite, lorsqu'on veut faire des recherches scientifiques, un local spécial, des appareils coûteux d'un maniement peu commode, ou, lorsqu'on veut faire des recherches techniques, l'emploi de procédés pénibles et seulement exacts entre des mains exercées par une longue pratique, et une attention minutieuse de la part de l'opérateur.

Après de longues et patientes recherches, nous sommes arrivé à nous créer un ensemble d'appareils pouvant nous permettre l'exécution rapide des analyses les plus courantes. Nous avons pour cela construit des pipettes-pompes à gaz avec lesquelles nous prenons un volume de gaz déterminé à l'avance, avec la même commodité et la même rapidité, qu'il est possible de prendre au moyen d'une pipette jaugée un volume déterminé de liquide. Nous avons apporté également tous nos soins à la confection d'un eudiomètre. Cet appareil, relativement très petit, permet d'effectuer la mesure des gaz, de faire agir sur eux les réactifs absorbants, et aussi d'opérer des combustions au moyen des gaz oxygène ou hydrogène et de l'étincelle électrique. Notre eudiomètre sert pour les gaz insolubles dans l'eau; dans ce cas on peut le remplir préalablement avec ce liquide, et pour les gaz solubles en remplaçant l'eau par du mercure. La même pipette-pompe ne peut pas servir lorsqu'il s'agit de gaz recueillis sur l'eau ou recueillis sur le mercure. Aussi nous avons deux modèles de ces appareils qui diffèrent peu l'un de l'autre, et qui en tous cas sont très simples. Le maniement de l'eudiomètre comme celui des pipettes-pompes à gaz est d'une simplicité extrême.

Enfin, les transvasements successifs que réclament certaines analyses complexes, rendant assez longues les opérations effectuées avec les appareils que nous venons d'énumérer; nous avons construit un dernier instrument, qui n'est autre chose qu'une pipette à gaz perfectionnée.

Cette pipette permet de mesurer un gaz, avant et après l'action d'un réactif absorbant, l'absorption se faisant dans une éprouvette quelconque. Le gaz, lorsqu'on le mesure, n'est jamais en contact avec le réactif. L'usage de cette pipette perfectionnée peut s'étendre à toutes les analyses qui ne réclament pas l'action de l'étincelle électrique.

Notre but, en entamant ce travail, a été de créer, comme nous venons de le dire, une méthode et un ensemble d'appareils permettant de faire rapidement et avec une exactitude suffisante l'analyse technique des gaz, en opérant sur des volumes relativement petits. Nous avons voulu aussi travailler au point de vue de l'enseignement, en donnant au professeur le moyen de faire rapidement et commodément, pendant son cours et en présence des élèves, les analyses les plus courantes, sans qu'il ait besoin d'aucun aide et sans qu'il ait surtout besoin d'opérer les mains dans l'eau ou dans le mercure. Sous ce rapport nous espérons avoir pleinement réussi.

Ce travail comprendra deux parties.

La première traitera de la manipulation des gaz, ainsi que de celle des appareils eudiométriques que nous employons.

La seconde comprendra l'analyse proprement dite des gaz, c'est-à-dire l'indication des moyens à employer pour en reconnaître la nature et pour les doser.

MÉTHODE EUDIOMÉTRIQUE

POUR

L'ANALYSE RAPIDE DES GAZ

PREMIÈRE PARTIE

APPAREILS EUDIOMÉTRIQUES.

Il est incontestable que les gaz et les vapeurs ne soient théoriquement qu'une seule et même chose, car les lois qui régissent les uns régissent aussi les autres. Cependant, dans les conditions normales de pression atmosphérique et de température dans lesquelles nous nous trouvons, certains de ces corps occupent l'état aériforme. Ce sont les gaz proprement dits.

Parmi les gaz, les uns sont simples, les autres sont composés. Ces corps gazeux peuvent réagir les uns sur les autres à la façon des liquides, et ces actions mutuelles se produisent selon les lois thermiques générales et selon des lois de condensation d'une simplicité remarquable. D'un autre côté, les gaz peuvent se mélanger sans se combiner, comme par exemple l'oxygène et l'azote dans l'air que nous respirons.

Dans cette première partie, nous allons traiter dans quatre chapitres différents les questions suivantes :

1° De la façon de produire, de recueillir et de conserver les gaz ;

2° Des appareils eudiométriques à employer lorsque les gaz à analyser ne se dissolvent pas dans l'eau ;

3° Des appareils eudiométriques à employer lorsque les gaz à analyser se dissolvent dans l'eau ;

4° De la pipette à gaz perfectionnée.

CHAPITRE PREMIER

§ I. — De la façon de produire les gaz.

Les procédés au moyen desquels on produit des gaz, sont nombreux et variés. En effet, on observe fréquemment leur production, lorsqu'on fait agir la chaleur sur un corps ou sur un mélange de corps; lorsqu'on fait agir à froid ou à chaud un corps sur un autre corps; lorsqu'on fait agir l'électricité soit sur un corps soit sur un mélange; enfin, on peut obtenir des gaz par l'action des ferments sur certaines substances fermentescibles.

Souvent les gaz existent naturellement, confinés dans des endroits clos.

§ II. — De la façon de recueillir les gaz.

Le moyen le plus sûr et le plus à l'abri de la critique pour recueillir un gaz à l'état pur, consiste à vider d'air, au moyen d'un appareil approprié à cet effet, un vase en verre, et à y faire ensuite arriver le gaz. Mais ce procédé, d'une pratique peu simple, n'est employé que pour des déterminations physiques, et seulement dans les cas où tout autre procédé est inapplicable.

Ordinairement, on termine l'appareil dans lequel le gaz se produit par un tube abducteur, qu'on fait déboucher dans une cuve à mercure au-dessous d'une cloche renversée, pleine de ce métal. On sacrifie plusieurs éprouvettes de gaz pour permettre à l'air de l'appareil d'être remplacé par le produit de la réaction, et on recueille enfin le corps gazeux.

Si le gaz attaque le mercure, on est obligé de le recueillir dans un bocal en le forçant à déplacer l'air contenu dans le vase. On utilise, à cet effet, la différence de densité qui existe entre l'air et le gaz à recueillir. Ce procédé, assez employé dans les laboratoires, est très long, et exige une perte très grande de produit. Il ne s'applique, au reste, avec succès qu'aux gaz dont les densités diffèrent beaucoup de celle de l'air.

Si le gaz ne se dissout pas dans l'eau, on peut le recueillir sous ce liquide, qui a le triple avantage d'être peu coûteux, d'une transparence absolue et d'un maniement facile. Les gaz se divisent en effet en deux groupes : les uns se dissolvent dans l'eau et les autres ne s'y dissolvent pas. Ces derniers peuvent être recueillis et transvasés sous l'eau, qu'on a eu soin de priver d'air par une récente ébullition. On peut aussi faire l'analyse des gaz insolubles dans l'eau au contact de ce liquide, c'est ce que nous faisons pour les analyses techniques, but principal de notre travail. Pour les gaz solubles, on opère en présence du mercure; on peut alors tenir un compte rigoureux de la température et de la pression atmosphérique et effectuer les corrections correspondantes. Dans les analyses rapides, et pour celles qui n'ont pas surtout un caractère scientifique, on peut ne pas tenir compte de la pression atmosphérique et de la température ambiante, ces variables pouvant dans ce cas être considérées comme constantes.

Les gaz qui attaquent le mercure, ne peuvent être analysés par les mêmes procédés.

§ III. — Moyen de conserver les gaz.

Lorsqu'on a recueilli plusieurs éprouvettes de gaz soit sur le mercure soit sur l'eau, on peut conserver ce gaz dans ces éprouvettes en en tenant la partie inférieure plongée dans le liquide de la cuve à eau ou à mercure, ou bien encore en bouchant cette ouverture au moyen d'un bouchon hermétique.

Lorsque l'on veut conserver une plus grande quantité de gaz, on le loge dans un gazomètre.

Nous employons pour conserver les gaz un flacon disposé comme celui de la figure 1 (¹). C'est un flacon à deux tubulures et renversé. La tubulure centrale est traversée par un tube d'un petit diamètre ba, terminé par un tube en caoutchouc fermé par une pince de Mohr a. L'autre tubulure porte le tube $xcde$. Ce tube est ouvert dans l'intérieur du flacon, il est terminé en d par un entonnoir et en c par un bout de caoutchouc et une pince de Mohr.

Pour remplir de gaz le flacon, on commence par le remplir avec de l'eau distillée récemment bouillie. On met le tube a en communication avec la source de gaz, on supprime la pince a et en serrant la pince c, on permet au gaz de venir remplir le flacon réservoir; l'eau qu'il remplace s'écoulant librement par l'extrémité c. Lorsque le flacon est plein de gaz, on ferme les deux pinces de Mohr. Lorsque l'on veut faire usage du gaz contenu dans le flacon réservoir, on n'a qu'à verser de l'eau dans l'entonnoir et qu'à ouvrir la pince a. Le gaz s'en échappe.

D'ordinaire nous avons toujours à notre service deux de ces réservoirs; l'un contient de l'oxygène pur et l'autre de l'hydrogène pur.

(¹) Voir la planche à la fin.

CHAPITRE II

Les gaz non absorbables par l'eau peuvent, comme nous l'avons dit, être manipulés en présence de ce liquide. Les appareils que nous allons décrire sont destinés à cette catégorie de gaz. Ces appareils sont : la cuve à eau spéciale, la pipette-pompe à gaz et l'eudiomètre.

§ I. — De la cuve à eau (¹).

Nos opérations nécessitent l'emploi d'une petite cuve à eau spéciale. Cette cuve consiste en un vase cylindrique d'une profondeur d'environ 20 centimètres; ce vase porte à sa partie inférieure une tubulure fermée par un bouchon, traversé par un tube de petit calibre effilé supérieurement et fermé inférieurement par un robinet.

La cuve se place sur un pied portant sur un de ses côtés une tige verticale rigide, sur laquelle peuvent s'adapter à des hauteurs variables des pinces à vis ou à ressort, permettant de maintenir dans la cuve des tubes éprouvettes. La cuve doit être remplie d'eau distillée récemment bouillie.

§ II. — De la pipette-pompe à gaz et de son emploi.

La pipette-pompe à gaz est l'instrument que nous employons pour transvaser et mesurer les gaz. Cet instrument est une application de la pipette-pompe à liquide

---

(¹) Voir à la fin la figure.

que nous avons imaginée pour le fonctionnement de notre appareil à urée (¹).

La pipette-pompe à gaz (²) se compose d'un corps de pipette ordinaire, dont la partie inférieure communique avec un tube vertical ouvert par en haut, et contenant dans son milieu un tube plein cylindrique d'un diamètre un peu moins grand, et qui peut glisser à frottement dans un tube en caoutchouc qui le réunit à la partie supérieure du tube ouvert. La partie supérieure du corps de la pipette communique avec un tube capillaire recourbé en S, et terminé par une partie effilée.

On commence par remplir tout le système avec de l'eau, en l'enfonçant sous l'eau et en faisant manœuvrer plusieurs fois le cylindre-piston. Il est bon de graisser légèrement la surface de ce cylindre-piston. La pipette-pompe à gaz étant pleine d'eau, on introduit sa pointe effilée dans l'intérieur de l'éprouvette contenant le gaz que l'on veut puiser. On soulève lentement le cylindre piston, et le gaz vient occuper le contenu du tube capillaire puis l'intérieur de la pipette. Lorsqu'on juge la prise de gaz un peu plus que suffisante, on enlève la pipette-pompe. On a alors un volume de gaz enfermé dans l'intérieur de l'instrument, qui se trouve séparé de l'atmosphère par une petite colonne d'eau retenue par capillarité dans le tube capillaire. Comme cette quantité de gaz est plus grande que celle dont on a besoin, on chasse l'excédent en enfonçant lentement le cylindre-piston. A l'effet de mesurer le gaz, le corps de la pipette est gradué et l'origine de cette graduation est située à un millimètre au-dessous de la pointe effilée du tube capillaire. Lorsque le ménisque concave du liquide intérieur est arrivé au niveau du trait indiquant le volume que l'on

____

(¹) Appareil à doser l'urée : *Mémoires de la Société des Sciences physiques et naturelles de Bordeaux,* séance du 11 juin 1879.

(²) Voir à la fin la figure.

veut prendre, on arrête le mouvement descendant du cylindre-piston. A ce moment-là, le gaz occupe exactement le volume inscrit sur l'instrument, la mesure étant faite bien entendu à la pression et à la température ambiante. La communication avec l'atmosphère a été en effet parfaitement libre jusqu'à l'instant où l'on a cessé d'enfoncer le cylindre-piston. A ce moment-là, une petite colonne liquide, de 1 ou 2 millimètres environ d'épaisseur, se forme toujours à l'extrémité du tube capillaire. Cette petite colonne liquide, loin de nuire par son volume et son poids, est au contraire très utile. D'abord, elle ne comprime en aucune façon le gaz intérieur, car elle est maintenue par adhésion capillaire; ensuite, elle évite le contact de l'atmosphère avec le gaz mesuré et les diffusions qui pourraient se produire.

Le gaz étant mesuré dans la pipette-pompe à gaz, on place l'extrémité effilée du tube capillaire au-dessous de l'éprouvette renversée et pleine d'eau, dans laquelle on veut introduire le gaz mesuré. On enfonce lentement et complètement le cylindre-piston, le gaz s'échappe alors en totalité par l'extrémité ouverte du tube capillaire et se réunit dans l'éprouvette.

Remarque. — Avant d'avoir imaginé la pipette-pompe à gaz, nous nous servions, pour mesurer les gaz, de cloches graduées. Mais, au lieu d'effectuer la lecture à la façon ordinaire, qui consiste à prendre la cloche avec une pince en bois, et à l'enfoncer dans une éprouvette d'eau de façon à ce que les niveaux intérieurs et extérieurs soient les mêmes, nous introduisions dans notre cloche un tube recourbé en U, ayant à sa petite branche un bouchon de caoutchouc pouvant fermer l'ouverture de la cloche, à son extrémité supérieure qui dépassait la partie supérieure de la cloche un entonnoir, et à sa partie inférieure un

petit tube soudé à angle droit portant un tube en caoutchouc, et une pince de Mohr.

Ceci fait, on versait de l'eau dans l'entonnoir jusqu'à ce
que le niveau fût le même à l'intérieur et à l'extérieur. Si la
quantité d'eau était trop forte, on en laissait écouler un peu
par le tube du bas en pressant la pince de Mohr. Il ne
restait plus qu'à lire le volume occupé par le gaz, qui se
trouvait mesuré à la pression et à la température ambiante.

§ III. — De l'Eudiomètre.

Dans ce paragraphe, nous allons faire la description de
notre instrument. Nous indiquerons ensuite son fonctionnement, c'est-à-dire la façon de le remplir ; celle d'y introduire le gaz mesuré ; le moyen d'y faire pénétrer les réactifs
absorbants ; de laver ensuite l'eudiomètre ; d'y produire
des combustions intérieures ; et, enfin, de lire le volume du
gaz qu'il contient.

1° *Description de l'eudiomètre* (1). — Notre eudiomètre est
formé de deux tubes latéraux d'égale grandeur. Ces tubes sont
réunis par leur partie moyenne au moyen d'un tube transversal. Le tube eudiométrique proprement dit se compose de
deux parties, l'une supérieure au tube transversal et l'autre
inférieure. La partie supérieure possède un diamètre
intérieur de huit à dix millimètres et une longueur de
douze à quatorze centimètres. Il est fermé à sa partie
supérieure, à laquelle se trouvent deux fils de platine,
soudés dans l'épaisseur du verre ; ces fils sont situés en
face l'un de l'autre et leurs extrémités intérieures sont
distantes d'environ un demi-millimètre. Ce tube est gradué
en dixièmes de centimètre cube et l'origine de la gradua-

___
(1) Voir à la fin le modèle.

tion est située à la partie supérieure. La partie du tube eudiométrique inférieure au tube transversal se compose d'une portion cylindrique de deux à trois centimètres de longueur qui fait suite à la portion supérieure du tube; puis, d'une portion renflée en boule, d'un robinet de verre fermant hermétiquement, et d'un entonnoir de forme cylindrique.

Le tube latéral au tube eudiométrique se compose également de deux parties, l'une supérieure au tube transversal et l'autre inférieure. La partie supérieure porte immédiatement au-dessus de la séparation un robinet en verre, puis un tube de verre de sept à huit millimètres de diamètre. La partie inférieure est formée d'un tube droit de quelques centimètres de longueur, d'un robinet de verre placé à la même hauteur que celui de la branche eudiométrique, et un entonnoir cylindrique également semblable à son voisin.

Pour rendre compréhensible le mode opératoire, nous pouvons désigner comme suit les différentes parties de l'appareil.

Partie supérieure [1]: tout ce qui est situé au-dessus de la branche transversale et qui comprend:

> La partie graduée du tube eudiométrique;
> Les fils de platine;
> Le robinet latéral supérieur;
> Le tube latéral supérieur.

Partie inférieure: tout le reste, c'est-à-dire:

> La boule absorbante eudiométrique;
> Le robinet eudiométrique;
> L'entonnoir eudiométrique;
> Le tube latéral inférieur;
> Le robinet latéral inférieur;
> L'entonnoir latéral inférieur.

[1] Voir à la fin le modèle.

2° *Remplissage de l'eudiomètre.* — Pour remplir d'eau l'eudiomètre, on procède ainsi: 1° On tient l'eudiomètre à la main dans sa position verticale normale. On ferme tous les robinets et l'on verse de l'eau dans le tube latéral supérieur. On ouvre alors les deux robinets latéraux pour remplir d'eau le trou du robinet latéral supérieur. On ferme ce robinet avant que toute l'eau du tube supérieur se soit écoulée. 2° On renverse l'eudiomètre, c'est-à-dire que l'on place en haut les deux entonnoirs inférieurs. On ouvre les deux robinets inférieurs (qui sont en haut dans la position qu'occupe l'instrument) et l'on verse de l'eau dans l'entonnoir latéral. Peu à peu le liquide remplit tout le tube eudiométrique, l'air de ce tube étant chassé par le robinet eudiométrique. On s'arrête de verser lorsque le liquide est arrivé dans l'entonnoir eudiométrique. Il arrive fréquemment que quelques bulles de gaz se trouvent arrêtées dans le tube latéral au-dessous du robinet; pour les chasser on n'a qu'à verser un peu d'eau dans l'entonnoir eudiométrique, ces bulles d'air s'en vont par le robinet latéral. Lorsque l'eudiomètre est complètement rempli, on ferme les robinets. 3° On retourne l'instrument dans sa position normale et on plonge sa partie inférieure dans la cuve à eau. De l'air se trouve alors emprisonné dans les deux entonnoirs; pour l'en retirer, on place successivement chacun de ces entonnoirs au-dessus du tube effilé de la cuve dont on ouvre le robinet extérieur. On enfonce alors l'entonnoir de façon à toucher son fond avec la pointe du tube. L'air est alors expulsé et remplacé par l'eau de la cuve. On ne doit enlever l'entonnoir que lorsqu'un peu d'eau s'est écoulée par le robinet extérieur de la cuve et qu'on n'aperçoit plus la moindre trace de gaz dans l'entonnoir (¹).

(¹) On peut aussi utiliser la pipette à aspiration représentée à la fin.

Ceci étant fait, on fixe l'eudiomètre au moyen de l'une des pinces du support.

3° Introduction dans l'eudiomètre du gaz mesuré. — On ouvre les deux robinets inférieurs. On puise et l'on mesure au moyen de la pipette-pompe à gaz, le gaz que l'on veut introduire dans l'eudiomètre, et après avoir placé la pointe effilée de la pipette-pompe à gaz au-dessous de l'entonnoir eudiométrique, on fait sortir le gaz en enfonçant le cylindre piston. Tout le gaz vient alors se loger à la partie supérieure du tube eudiométrique après avoir traversé le robinet eudiométrique. Une quantité d'eau égale à son volume sort de l'eudiomètre par le robinet latéral inférieur.

Le gaz étant introduit dans l'eudiomètre, on ferme les deux robinets inférieurs et on enlève l'instrument de la cuve. L'opérateur le prend avec la main gauche, de façon à ce que les trois robinets soient dirigés de son côté.

4° Introduction du réactif absorbant. — On verse ce réactif absorbant dans le tube latéral supérieur, que l'on a préalablement vidé de l'eau qu'il contenait. On ouvre ensuite le robinet latéral supérieur, puis le robinet eudiométrique en se plaçant au-dessus d'un vase destiné à recevoir le liquide qui s'écoule. On doit bien faire attention à n'ouvrir que très peu le robinet eudiométrique, de façon à pouvoir le fermer avant que tout le réactif ne soit passé par le robinet, car autrement l'on pourrait introduire de l'air dans l'eudiomètre. On ferme ensuite ces deux robinets. Le réactif absorbant occupe en grande partie la boule absorbante. On renverse l'eudiomètre et on agite; de temps en temps, on introduit un peu d'eau dans l'entonnoir latéral et l'on ouvre le robinet correspondant. L'absorption se produit, le vide étant comblé par l'introduction d'une quantité correspondante de liquide qui rentre par le robinet. L'absorption étant opérée, on rétablit l'eudiomètre dans sa position normale.

5° *Lavage du tube eudiométrique.* — Pour débarrasser l'intérieur du tube eudiométrique de l'eau souillée du réactif absorbant, on introduit un grand nombre de fois de l'eau distillée dans l'eudiomètre de la même façon que les réactifs absorbants, et l'on agite chaque fois. On s'arrête lorsque le liquide qui s'écoule ne contient plus de réactif. Pour effectuer un bon lavage, il faut de cinq à six minutes et employer cent cinquante centimètres cubes d'eau environ.

6° *Combustions dans l'eudiomètre.* — Après avoir introduit dans l'eudiomètre le gaz à analyser en très petite quantité, on y ajoute avec la pipette-pompe à gaz le volume que l'on juge nécessaire, soit d'oxygène, soit d'hydrogène. On ferme les deux robinets inférieurs, on ouvre le robinet latéral supérieur après avoir mis de l'eau dans le tube latéral. On prend alors avec la main gauche l'eudiomètre, on met le fil de platine gauche en communication avec une des bornes d'une bobine d'induction et, au moyen d'une tige isolante, on touche ou on approche suffisamment du second fil de platine un conducteur métallique communiquant avec l'autre borne de la bobine. L'étincelle traverse le mélange gazeux, et l'absorption, s'il y en a une, se fait librement au moyen de l'eau du tube latéral et par le robinet latéral supérieur.

7° *Lecture du volume gazeux.* — Pour lire le volume occupé par le gaz contenu dans l'eudiomètre, on remplit d'eau le tube latéral supérieur, on ouvre le robinet supérieur et ensuite le robinet inférieur, de façon à faire écouler le liquide du tube latéral jusqu'à ce que le niveau extérieur coïncide avec le niveau intérieur. A ce moment, on ferme les robinets et on effectue la lecture, en prenant la précaution de tenir l'instrument par la partie inférieure, pour ne pas en échauffer le contenu.

Le gaz est mesuré à la pression et à la température de l'atmosphère ambiante.

Dans le cas où le gaz restant dans l'eudiomètre occuperait un trop petit volume pour pouvoir être mesuré, la graduation ne commençant qu'à quatre ou cinq dixièmes de centimètre cube, il suffit d'ajouter avec la pipette-pompe à gaz un centimètre cube d'un gaz sans action sur celui contenu dans l'eudiomètre, comme l'azote. On fait alors la lecture, et du volume lu on retranche un centimètre cube.

Il est important, pour effectuer régulièrement une lecture, de placer le niveau du ménisque concave à hauteur de l'œil et de tenir le tube gradué bien verticalement. Le moindre changement dans la hauteur du tube ou de l'œil fait commettre des erreurs notables. C'est pour cela que dans les instruments de précision on fait usage d'un cathétomètre dont l'axe de la lunette est horizontal. Nous nous trouvons très bien du procédé très simple que voici et qu'on peut employer dans tous les laboratoires. Chaque opérateur trace sur la vitre de la croisée devant laquelle il travaille et à la hauteur de ses yeux lorsqu'il est bien droit, un trait horizontal rouge ou noir. On est alors sûr, en élevant le niveau du ménisque toujours à cette hauteur, d'avoir des mesures comparables.

Nous rappellerons aussi, au sujet de la lecture du volume gazeux, qu'il est rare que les appareils livrés par le commerce, même ceux recommandés, soient gradués d'une façon rigoureusement exacte. Tout opérateur soucieux de ses résultats doit vérifier avec le plus grand soin la graduation des appareils qu'il emploie, et dans le cas d'inexactitude il doit dresser une table de correction au moyen de laquelle il corrigera toutes les lectures qu'il effectuera (¹).

(¹) Le meilleur moyen de vérifier l'eudiomètre consiste à y verser du mercure et à le peser. On introduit donc, et successivement, des poids p, p', p'', p''', etc., du mercure, et on lit chaque fois le volume occupé. On trouve ainsi des valeurs égales à V, V', V'', V''', etc. On calcule d'autre part les volumes v, v', v'', v''', etc., de mercure introduit dans l'appareil, que l'on compare aux volumes lus.

CHAPITRE III

Les gaz qui se dissolvent facilement dans l'eau ne peuvent pas s'analyser par les procédés que nous venons d'indiquer, c'est-à-dire en présence de l'eau. Néanmoins, le même eudiomètre fonctionne très bien avec du mercure; mais pour mesurer les gaz, il faut employer une pipette-pompe à gaz d'une autre forme. La cuve à eau doit aussi être remplacée par une petite cuve à mercure spéciale.

Nous allons donc décrire la pipette-pompe à gaz, la cuve à mercure et la façon d'utiliser l'eudiomètre.

§ I. — De la pipette-pompe à gaz fonctionnant avec du mercure.

Pour transvaser les gaz recueillis sous le mercure, une pipette-pompe à gaz ordinaire et bien conditionnée peut servir. Mais lorsqu'il s'agit de les mesurer, on ne peut y parvenir. La pipette-pompe à gaz que nous employons à cet effet, diffère de la pipette-pompe à gaz fonctionnant avec de l'eau en ce que : 1° le tube et le cylindre-piston sont remplacés par une véritable pompe aspirante et foulante formée d'un corps cylindrique bien calibré et d'un piston en cuir et bois glissant à frottement; 2° le tube gradué est plus grand que dans la pipette-pompe à gaz ordinaire, car on doit prendre une quantité de gaz beaucoup plus grande que celle que l'on doit mesurer; il faut, en effet, tenir compte de la dilatation du gaz sous l'influence de la diminution de pression; 3° par l'existence d'un tube vertical situé entre le corps de la pipette-pompe à gaz et le corps de pompe; ce tube un peu plus long que les deux précédents est rodé à sa partie supérieure, qui est ouverte de façon à pouvoir être bouchée avec la pulpe de l'index mouillée. Ce tube vertical communique, à sa partie inférieure, avec le tube qui réunit le corps de pompe au corps de la pipette-pompe.

Après avoir rempli tout le système de mercure et le piston du corps de pompe se trouvant à la partie inférieure, on introduit la pointe effilée du tube capillaire dans l'intérieur de l'éprouvette dans laquelle se trouve le gaz à puiser. On bouche avec son doigt légèrement imbibé de salive l'extrémité ouverte du tube vertical dont nous avons parlé dans la description de l'appareil, et on soulève lentement la tige du piston. Le mercure étant ramené dans le corps de pompe, le gaz de l'éprouvette vient remplir le tube capillaire et le corps de la pipette. Mais ici, il est bon de remarquer qu'à mesure que le gaz diminue dans l'éprouvette, le mercure de la cuve s'élève dans cette même éprouvette et qu'en conséquence la tension du gaz est inférieure à la tension de l'atmosphère, et que le gaz occupe plus de volume qu'il n'en occuperait si sa tension était normale. C'est pour cette raison qu'on doit prendre plus de gaz qu'il n'en faut. Un peu d'habitude indique rapidement la quantité supplémentaire à prendre. Lorsqu'on veut retirer la pipette-pompe à gaz de l'éprouvette, on remarque que dès que l'extrémité ouverte du tube effilé plonge dans le mercure, le liquide y pénètre en comprimant le gaz, et quelquefois, après avoir rempli la totalité du tube capillaire, pénètre même en petite quantité dans l'intérieur du corps de la pipette-pompe. Ceci arrive lorsque la pression du gaz est relativement faible. Le gaz une fois dans l'appareil, on débouche le tube vertical et on enfonce lentement le piston. Le mercure monte dans le tube vertical à mesure que celui du tube capillaire est chassé par la pointe effilée. Lorsque la fin de cette colonne est arrivée à peu près à la partie inférieure de l'U, on bouche rapidement le tube vertical, on arrête la descente du piston, et en laissant entrer lentement l'air dans le tube vertical, en remuant avec précaution le doigt, on finit par chasser tout le mercure du tube capillaire. On continue alors à laisser descendre lentement le mercure de ce tube, et lorsqu'il ne descend plus, on a dans la pipette-pompe un gaz à la même pression que l'atmosphère, puisqu'il communique d'une part avec l'air ambiant par la pointe effilée, et d'autre part qu'il communique sa pression au mercure du tube vertical dont le niveau est le même, sauf une dépression dans le tube intermédiaire due à la capillarité. Comme la quantité de gaz ainsi emprisonnée est trop considérable, on chasse l'excès en enfonçant lentement le piston dans le corps de pompe, jusqu'à ce que le ménisque convexe du mercure du corps de la pipette coïncide avec le trait indiquant le volume que l'on veut prendre.

On transporte ensuite la pipette-pompe en la tenant bien verticalement dans la cuve à mercure. On place l'extrémité effilée du tube capillaire au-dessous du vase destiné à recevoir le gaz mesuré, et l'on enfonce lentement le piston jusqu'à ce que quelques gouttes de mercure soient sorties par l'extrémité effilée.

Si compliquée que paraisse la manipulation de cet instrument, il n'en est pas moins vrai qu'en quelques secondes on peut, avec lui, prendre très exactement un volume déterminé d'un gaz quelconque recueilli sur du mercure.

§ II. — De la cuve à mercure.

Une cuve à mercure spéciale n'est pas utile si l'on a une quantité assez grande de ce liquide à sa disposition. On en remplit, dans ce cas, un vase cylindrique assez profond pour qu'on puisse y enfoncer complètement la partie en U du tube capillaire de la pipette-pompe à gaz, fonctionnant au mercure.

Dans un cas contraire, on peut avoir une petite cuve rectangulaire peu profonde dont une toute petite partie est suffisamment creusée, de façon à permettre l'introduction du tube capillaire en U dont nous avons parlé. Nous nous sommes très bien trouvé d'une cuve creusée dans un bloc de bois dur. Une cuve à mercure de la forme de celle de Doyère, mais plus petite que cette dernière, pourrait très bien servir.

§ III. — Emploi de l'eudiomètre.

L'eudiomètre se remplit avec du mercure, de la même façon qu'avec de l'eau. Mais, lorsque celui-ci étant plein de mercure et les robinets étant fermés on le retourne dans la cuve, on doit vider d'air les deux entonnoirs inférieurs. On y parvient bien simplement en l'y puisant au moyen d'une petite pipette à bouche [1]. Comme il est important de ne point laisser d'air dans ces entonnoirs, on doit introduire le tube de la pipette jusque tout à fait au fond des entonnoirs et on doit aspirer jusqu'à ce que du mercure ait pénétré dans le corps de la pipette [2].

L'introduction du gaz se fait de la même manière que lorsqu'on opère avec l'eau. On doit éviter toutefois que cette introduction se fasse tumultueusement, et pour cela on doit n'ouvrir que très peu les robinets. On mesure le volume du gaz contenu dans l'eudiomètre en tenant compte des observations et des moyens indiqués à la page 19.

Pour introduire un réactif absorbant, on commence par ouvrir le robinet latéral supérieur, puis très légèrement le

[1] Voir à la fin le modèle.
[2] Nous nous servons aussi d'un siphon conforme à celui dont le modèle est également représenté.

robinet latéral inférieur, pour laisser écouler l'excès de mercure contenu dans le tube latéral supérieur. On le place, à cet effet, au-dessus d'un vase dans lequel on recueille le mercure qui s'écoule. Le réactif est alors introduit dans le tube latéral supérieur, et l'on ouvre le robinet eudiométrique. Le mercure s'écoule et le réactif passe par le robinet latéral supérieur, par le tube transversal et remonte à travers le mercure de l'eudiomètre pour venir rencontrer le gaz. On ferme les robinets et l'on agite, on redresse l'eudiomètre, on verse du mercure dans le tube latéral extérieur, on ouvre le robinet au-dessous, et s'il s'est produit une absorption, du mercure rentre dans l'eudiomètre.

Malheureusement, les opérations en présence du mercure ne peuvent supporter que l'action d'un réactif absorbant. On fait alors la lecture du gaz restant si tout n'est pas absorbé; pour cela, on établit le niveau avec du mercure après avoir ajouté dans le tube latéral supérieur une couche de réactif égale à celle qui se trouve dans l'eudiomètre. Si le gaz qui reste est insoluble dans l'eau, on remplace le mercure par ce nouveau liquide en le versant par le tube latéral supérieur, et en laissant écouler le mercure par le robinet eudiométrique. On lave l'eudiomètre pour le débarrasser du réactif et l'on fait la lecture. On continue alors l'action des réactifs sur le gaz restant, comme il a été indiqué dans le chapitre précédent.

Les combustions s'effectuent en présence du mercure de la même façon qu'en présence de l'eau. On doit faire agir l'étincelle sur le moins de gaz possible, quitte à répéter plusieurs fois successives l'opération. Il est toujours bon aussi de laisser ouvert le robinet latéral supérieur.

Nous avons vu que dans le cas des gaz solubles, il n'était pas possible de faire agir successivement dans l'eudiomètre plusieurs réactifs absorbants. Ceci n'empêche nullement d'effectuer toutes les analyses de gaz possibles. Supposons en effet que nous ayons un mélange de plusieurs gaz dans ces conditions. Pour effectuer l'analyse nous pourrons suivre plusieurs marches.

En voici d'abord une :

1° Nous introduirons un certain volume gazeux dans l'eudiomètre où nous le mesurerons, et nous absorberons ensuite par la potasse les gaz absorbables, pour connaître le rapport dans lequel ils sont mélangés avec les gaz non absorbables.

2° Nous traiterons dans une éprouvette le gaz à analyser par un réactif ne devant absorber qu'un seul des gaz mélangés; puis, après avoir introduit une partie de ce mélange, ainsi privé de l'un des composants, dans l'eudiomètre, nous absorberons une seconde fois par la potasse. Nous obtiendrons un second rapport, lequel combiné avec le premier nous permettra d'établir la composition du mélange.

Un exemple fera mieux comprendre cette méthode, aussi allons-nous l'appliquer à un mélange de gaz carbonique, de gaz chlorhydrique et d'azote.

1° Nous introduisons du gaz parfaitement sec dans l'eudiomètre plein de mercure et nous mesurons ce gaz, soit, par exemple, 76 divisions ou $7^{cc}6$.

2° Nous faisons pénétrer de la potasse dans l'eudiomètre, et lorsque nous voyons qu'il ne se produit plus d'absorption, nous mesurons le gaz restant qui est de l'azote, soit 24 divisions ou $2^{cc}4$. D'où nous concluons que le mélange contient $\frac{24}{76} = 0,315$ ou 31,5 p. 100 d'azote.

3° Après avoir rempli de nouveau l'eudiomètre avec du mercure, nous y introduisons une autre quantité de gaz, mais après avoir pris la précaution d'agiter le gaz à analyser dans un tube avec une solution d'azotate d'argent. Nous

mesurons ce gaz qui occupe un volume de 67 divisions, soit
6cc7. Nous y introduisons de la potasse et après absorption
nous constatons qu'il reste 49 divisions d'azote. Par conséquent il y a eu $67 - 49 = 18$ divisions d'acide carbonique
absorbé, et ce gaz, débarrassé d'acide chlorhydrique,
contenait $\frac{18}{67} = 0,268$ ou 26,8 p. 100 d'acide carbonique
et $\frac{49}{67} = 0,731$ ou 73,1 p. 100 d'azote.

Comme la première expérience nous a appris que le
mélange analysé ne contenait que 31,5 p. 100 d'azote, nous
résoudrons la question en disant :

$$\text{Puisque pour 73,1 d'azote il y a} \quad \text{26,8 d'acide carbonique,}$$
$$\text{pour 1 d'azote il y aura } \frac{26,8}{73,1} \text{ d'acide carbonique}$$
$$\text{et pour 31,5 d'azote } \frac{26,8 \times 31,5}{73,1} = 11,5 \text{ d'acide carbonique p. 100.}$$

D'où la composition en centièmes du mélange analysé :

Azote...	31,5
Acide carbonique	11,5
Acide chlorhydrique [100 — (31,5 + 11,5)]. =	57,»
TOTAL.............. =	100 »

Les résultats qui précèdent sont établis sans aucune
espèce de correction, et cependant il est facile de remarquer
que le mélange gazeux a été primitivement mesuré à l'état
sec, tandis que les gaz restants ont tous été mesurés au
contact des liquides aqueux absorbants, et que par suite ils
étaient saturés d'humidité. Pour nous assurer si en effet ces
corrections étaient superflues pour des analyses rapides,
nous avions eu soin de noter en faisant notre expérience, et
la température qui était égale à 15 degrés centigrades, et la
pression atmosphérique qui était égale à 759 millimètres.
Après avoir ramené toutes nos lectures gazeuses à zéro degré
et à la pression de 760 millimètres, en tenant compte également dans tous les cas, excepté le premier, de la force
élastique de la vapeur d'eau égale à 12mm70 pour une température de 15°, et en prenant pour coefficient de dilatation

des gaz le nombre 0,00367, nous avons obtenu la composition centésimale suivante :

Azote	31,039
Acide carbonique	11,401
Acide chlorhydrique	57,560
TOTAL	100,000

Or, ces résultats ne différant que très peu des résultats précédents, on peut voir qu'il est possible dans des analyses rapides de s'affranchir de ces longues corrections.

Une seconde marche, plus rapide que la précédente, résulte de la possibilité de pouvoir prendre, au moyen de la pipette-pompe à mercure, un volume déterminé d'un gaz quelconque; de celle aussi, de pouvoir mesurer en quelques secondes dans l'eudiomètre le gaz que l'on y introduit. Nous n'aurons alors qu'à procéder de la manière suivante :

1° Nous introduirons au moyen de la pipette-pompe à mercure 10 centimètres cubes de gaz à analyser dans un certain nombre d'éprouvettes pleines de mercure. Ces éprouvettes devront avoir une capacité de 12 à 15 centimètres cubes, et leur nombre devra être égal au nombre d'absorptions à opérer. Le gaz étant introduit dans ces éprouvettes, on y fera passer le réactif absorbant, soit liquide, soit solide, en lui donnant la forme indiquée par Bunsen.

2° Lorsque l'absorption aura été opérée, on n'aura qu'à puiser dans chacune de ces éprouvettes et au moyen de la pipette-pompe le gaz qui n'aura pas été absorbé. On introduira ensuite ce gaz dans l'eudiomètre plein de mercure et on le mesurera.

Pour les analyses faites par cette méthode, on peut dire au point de vue des corrections à effectuer, tout ce qui a été dit à propos de la méthode précédente. Ajoutons cependant que, dans le cas des absorptions par les réactifs solides, la durée des analyses pouvant être très longue, on doit tenir un compte rigoureux des changements produits dans la température et dans la pression atmosphérique.

Les appareils que nous venons de décrire peuvent permettre d'effectuer toutes les analyses de gaz possibles. Mais, très commodes dans certains cas, ils peuvent dans certains autres perdre le meilleur de leurs avantages, celui de permettre d'opérer avec rapidité. Aussi, nous avons voulu donner un dernier appareil qui, sous la forme d'une pipette à gaz, pouvait servir à mesurer un gaz après l'action d'un réactif, sans qu'on soit obligé de chasser ce gaz dans l'eudiomètre pour effectuer la lecture de son volume. C'est cet appareil que nous allons décrire dans le chapitre suivant.

CHAPITRE IV

De la pipette à gaz perfectionnée.

La pipette à gaz imaginée par M. Ettling, puis modifiée successivement par Doyère et par Berthelot, n'a jamais servi qu'à transvaser et qu'à absorber les gaz. Nous avons voulu faire rendre à cet appareil un autre service, celui d'être un instrument de mesure. Après de nombreuses modifications, dont beaucoup d'infructueuses, nous avons fini par trouver le dispositif suivant qui répond à tous nos désirs.

Un tube vertical, d'un diamètre intérieur de 10 à 12 millimètres et d'une longueur d'environ 15 centimètres, est fixé le long d'une tige rigide, fixée elle-même sur un pied bien calé. Ce tube qui doit servir à mesurer les gaz est gradué en centimètres cubes et en $\frac{1}{10}$ de centimètre cube, et l'origine de cette graduation est située à sa partie supérieure, en un point où ce tube gradué communique avec un tube capillaire analogue à celui de la pipette-pompe à gaz, fonctionnant au mercure. L'extrémité effilée et ouverte du tube capillaire doit se trouver sur un même plan horizontal avec l'origine de la graduation du tube gradué. De plus, le tube capillaire est muni dans sa portion horizontale d'un robinet de verre fermant hermétiquement.

La partie inférieure du tube gradué est fermée par un bon bouchon, traversé par un tube de verre qui se continue par un tube en caoutchouc très solide. Ce dernier, après avoir décrit une demi-circonférence, vient se fixer par son autre extrémité à la partie inférieure d'un petit réservoir presque sphérique, lequel réservoir est mobile de haut en bas, étant monté sur un petit châssis qui peut être fixé à des hauteurs variables le long d'une tige verticale rigide. Ce réservoir, qui possède quelque analogie avec celui de la pompe à mercure de MM. Alvergniat frères, est bouché supérieurement par un bouchon traversé par un tube de verre, auquel est joint un tube en caoutchouc pouvant communiquer avec la bouche de l'opérateur.

On doit commencer par remplir la pipette avec du mercure. Pour cela, on verse du mercure dans le réservoir mobile, de façon à le remplir, et on fixe ce réservoir à la partie supérieure de sa course. Le mercure descend par le tube en caoutchouc, monte dans le tube gradué qu'il remplit, pénètre dans le tube capillaire, et sort par la pointe effilée. A ce moment on ferme le robinet du tube capillaire.

Pour faire entrer le gaz dans la pipette, on fait pénétrer la pointe effilée du tube capillaire au sein de l'éprouvette contenant le gaz. On fixe le réservoir à mercure à la partie inférieure de sa course, et l'on ouvre le robinet du tube capillaire. Si le départ du mercure ne se fait pas, on n'a qu'à aspirer très légèrement par le tube en caoutchouc, qui communique avec la partie supérieure du réservoir à mercure. Lorsque la prise de gaz est jugée suffisante, on ferme le robinet supérieur, on enfonce la pointe effilée du tube capillaire dans le mercure, on aspire un peu avec la bouche, et on ouvre le robinet. Le mercure de la cuve pénètre alors par la pointe effilée et refoule tout le gaz contenu dans le tube capillaire dans l'intérieur du tube gradué. Le mercure pénètre même dans ce tube en tombant goutte à goutte de la partie supérieure. On ferme le robinet du tube capillaire, on donne un petit choc à l'instrument, pour faire tomber la gouttelette de mercure qui fait saillie à la partie supérieure du tube gradué, et on effectue la lecture. Pour que celle-ci soit exacte, il faut que la pression intérieure soit égale à la pression extérieure; on y parvient en élevant le réservoir de mercure de façon à ce que le niveau du mercure qu'il contient, soit sur le même plan horizontal que le niveau du mercure du tube gradué. Pour mieux juger l'égalité de ces niveaux, nous fixons parallèlement au tube gradué, un peu en arrière et du côté du réservoir, un tube cylindrique de petit calibre dont l'intérieur est argenté. Dans ce miroir de forme toute spéciale, l'observateur peut voir se réfléchir, et en empiétant l'un sur l'autre les ménisques de droite et de gauche, il est alors aisé de les faire coïncider. Le volume occupé par le gaz peut alors être lu sur le tube gradué.·

Pour traiter le gaz par un réactif absorbant après l'avoir mesuré, on le chasse dans une éprouvette pleine de mercure. Pour cela, on place l'extrémité du tube capillaire dans cette éprouvette, on fixe le réservoir de mercure à la partie supérieure de sa course, et on ouvre le robinet du tube capillaire. On favorise le départ du gaz dans le cas où il ne se produirait pas immédiatement, en soufflant légèrement par le tube en caoutchouc qui communique avec la partie supérieure du réservoir.

Le gaz étant introduit dans l'éprouvette, on y fait agir le réactif, et après son action, on fait de nouveau passer le gaz dans la pipette, comme il est dit plus haut, et on le mesure. On doit toutefois toucher avec la pointe effilée du tube capillaire le fond de l'éprouvette pour y puiser tout le gaz, et l'on doit aussitôt fermer le robinet pour éviter l'introduction du réactif dans la pipette. On plonge la pointe effilée dans le mercure, on aspire par le tube en caoutchouc, et on ouvre de nouveau le robinet pour que le gaz soit complètement chassé dans la pipette.

Si l'on a fait agir sur le gaz un réactif solide, une balle de coke ou de pierre-ponce imprégnée du réactif liquide, on n'a pas à prendre les précautions que nous venons de signaler.

Une première absorption étant opérée, et le gaz restant étant mesuré, rien n'empêche de faire passer le gaz dans une seconde éprouvette, de le mettre en contact avec un autre réactif absorbant et de le mesurer une troisième fois en le faisant repasser dans la pipette. Rien n'empêche non plus de le chasser dans l'eudiomètre.

Nous agissons en général sur 10 centimètres cubes de gaz que nous mesurons exactement au $\frac{1}{10}$ de centimètre cube, nous avons donc une approximation de 1 centième. Mais, on peut opérer avec une pipette d'une capacité double ou triple, et avoir des résultats exacts aux deux centièmes ou aux trois centièmes.

Nous avons encore simplifié cet instrument en supprimant le robinet de verre du tube capillaire. Les résultats obtenus ont été bons, mais la manœuvre de l'appareil est un peu plus délicate.

Ainsi, pour effectuer la lecture du gaz, il faut retirer l'instrument de la cuve à mercure en prenant la précaution de ne point laisser échapper une partie du mercure contenu dans le tube capillaire. Car cette longue colonne sinueuse est formée de quatre segments qui se font équilibre deux à deux si elle est complète. Chose qui n'arriverait pas, si du mercure était rentré dans la pipette, ou s'il s'en était écoulé par la pointe effilée du tube capillaire. Pour cela, il faut soulever l'instrument en le tenant bien verticalement, de façon à ce que la pointe effilée sorte de quelques millimètres du mercure de la cuve, et on glisse alors une petite planchette sous l'appareil pour pouvoir le reposer.

Lorsque après avoir traité le gaz par un réactif absorbant, on veut le faire repasser dans la pipette, on doit abaisser brusquement l'appareil lorsque la dernière bulle est en train de pénétrer dans le tube capillaire, et cela pour éviter que le réactif absorbant ne suive le même chemin, et ne vienne en assez grande quantité dans le corps de la pipette. Dans cet abaissement brusque, la pointe du tube se trouve presque immédiatement au sein du mercure qui alors chasse le gaz dans l'appareil. Avec un peu d'habitude, on peut parvenir à n'introduire dans l'instrument que quelques millimètres cubes du réactif, dont la présence en si petite quantité ne peut nuire en aucune façon aux résultats.

La pipette simplifiée s'applique très bien lorsque l'on fait les absorptions par la méthode de Bunsen.

DEUXIÈME PARTIE

DE L'ANALYSE DES GAZ

Le but de la seconde partie de ce travail est de montrer la possibilité de faire toutes les analyses gazeuses au moyen de nos appareils. Mais pour cela nous croyons devoir rappeler succinctement, dans un premier chapitre, les caractères distinctifs et les propriétés des gaz les plus usuels, en signalant toutefois les gaz moins importants que l'on peut quelquefois rencontrer.

Dans un second chapitre, nous donnerons les moyens pratiques à employer pour reconnaître la nature d'un gaz isolé.

Enfin, dans un troisième chapitre, nous traiterons l'analyse des mélanges gazeux, et nous indiquerons la marche à suivre qui avec nos appareils nous paraît la plus prompte, et la plus exacte.

CHAPITRE Ier

Caractères distinctifs des gaz.

Ce sujet assez complexe demande que ce présent chapitre soit subdivisé. Aussi, allons-nous étudier dans un sous-chapitre premier les gaz simples, et dans un sous-chapitre second, les gaz composés.

SOUS-CHAPITRE Ier

DES GAZ SIMPLES OU ÉLÉMENTAIRES.

Ces gaz sont au nombre de quatre; ce sont: l'oxygène, l'hydrogène, l'azote et le chlore.

Nous aurions dû dire : au nombre de cinq, l'ozone étant également un gaz ; mais ses nombreuses incompatibilités et sa nature fugace font que nous n'en parlerons pas.

§ Ier. — *De l'oxygène.*

L'oxygène est incolore, inodore, insipide, très peu soluble dans l'eau. Densité $= 1,1056$. Il est comburant. Il forme des mélanges détonants avec l'hydrogène, avec les gaz et les vapeurs combustibles. Il s'unit avec 2 fois son volume d'hydrogène sous l'influence de l'étincelle électrique, pour former 2 volumes de vapeur d'eau qui se condense sans résidu. L'oxygène forme avec le bioxyde d'azote des vapeurs rutilantes de peroxyde d'azote. Il est absorbé par l'acide pyrogallique en solution alcaline très rapidement, et en grande quantité. Il est également absorbé par une solution d'hydrosulfite de sodium (M. Schützenberger), par le sous-chlorure de cuivre en solution ammoniacale. Le phosphore l'absorbe aussi d'une manière complète, mais seulement lorsque sa tension est inférieure à celle de l'atmosphère. A ces réactifs absorbants, on peut ajouter le sulfure de potassium préparé par la réduction du sulfate par le charbon, et le sulfate chromeux en présence du sel ammoniac et de l'ammoniaque. (Berthelot.)

Dans nos analyses nous absorbons généralement l'oxygène par l'acide pyrogallique et la potasse.

§ II. — *De l'hydrogène.*

L'hydrogène est incolore, inodore et insipide, très peu soluble dans l'eau. Densité = 0,0692. Il est combustible et brûle avec une flamme très pâle en formant de l'eau. Il forme avec la moitié de son volume d'oxygène un mélange qui détone au contact d'un corps enflammé ou par l'action de l'étincelle électrique. Les deux gaz se combinent pour former de l'eau qui se condense sans résidu. L'hydrogène se combine sous l'influence de la lumière avec son volume de chlore pour former deux volumes d'acide chlorhydrique. L'hydrogène n'est pas absorbé par les réactifs absorbants que l'on emploie dans les analyses; il reste comme résidu et on le fait disparaître en le faisant détoner avec de l'oxygène.

Lorsque, dans un mélange, le gaz hydrogène, ou d'une façon générale, les gaz combustibles sont dans une très petite proportion comparativement aux autres gaz, on ne peut toujours obtenir une combustion complète avec l'oxygène même en excès. Pour remédier à cet inconvénient, on ajoute dans l'eudiomètre un mélange de gaz oxygène et d'hydrogène, mélange fait dans les proportions de 1 volume du premier pour 2 volumes du second. Il faut que ces proportions soient bien exactes pour que la combustion s'opère sans résidu. On obtient un pareil mélange, soit en se servant de l'appareil de Bunsen, appareil dans lequel les gaz provenant de la décomposition de l'eau par la pile sont recueillis dans le même récipient; soit, ce qui est préférable, en puisant avec la pipette-pompe à gaz, et successivement, de l'oxygène et de l'hydrogène.

§ III. — *De l'azote.*

L'azote est incolore, inodore et insipide. Densité $= 0,972$, très peu soluble dans l'eau. Il n'est absorbé par aucun réactif, et n'est ni comburant ni combustible, aussi reste-t-il comme résidu dans les analyses. Quelquefois cependant, lorsqu'il se trouve en présence d'une grande quantité de gaz combustibles et que l'on fait brûler ces gaz au moyen d'un excès d'oxygène, une partie de l'azote peut passer à l'état d'acide azotique. Pour éviter cette cause d'erreur, on doit étendre le mélange avec un volume d'air connu. Après l'explosion, on absorbe l'oxygène par l'acide pyrogallique et la potasse, et on retranche du résidu final la proportion d'azote contenue dans l'air ajouté.

§ IV. — *Du chlore.*

Le chlore est jaune-verdâtre, il possède une odeur forte et irritante. Respiré, il provoque la toux accompagnée quelquefois d'hémoptysie. Densité $= 2,45$. Le chlore attaque presque tous les corps simples, notamment le mercure. Il est soluble dans l'eau, mais beaucoup moins dans une solution saturée de sel marin. Il est absorbé en totalité par la potasse. Il s'unit à son volume d'hydrogène sous l'influence de la lumière pour fournir du gaz chlorhydrique, gaz qui se produit sans condensation. Il attaque un certain nombre de carbures d'hydrogène.

SOUS-CHAPITRE II.

DES GAZ COMPOSÉS.

Les gaz composés sont beaucoup plus nombreux; on peut les classer, pour en faciliter l'étude, dans l'ordre indiqué dans le tableau suivant :

GAZ COMPOSÉS ....
- ne contenant pas de carbone mais contenant
  - 1° de l'hydrogène;
  - 2° de l'oxygène;
  - 3° du fluor ou du chlore.
- contenant du carbone et
  - 1° de l'hydrogène;
  - 2° de l'oxygène;
  - 3° de l'azote.

Les gaz non carburés contenant de l'hydrogène se subdivisent eux-mêmes en gaz acides, alcalins et neutres.

De même les gaz non carburés, mais contenant de l'oxygène, se subdivisent en gaz acides et en gaz neutres.

Les gaz carburés hydrogénés comprennent les carbures d'hydrogène, les éthers gazeux et la méthylamine.

Les gaz carburés oxygénés sont acides ou neutres.

Enfin, en dernier lieu nous rencontrons le cyanogène, corps composé d'azote et de carbone, et le chlorure de cyanogène.

ARTICLE PREMIER. — *Des gaz non carburés hydrogénés.*

Parmi ces gaz, les uns sont acides, ce sont : le gaz acide fluorhydrique, qu'on ne peut pas recueillir dans des vases de verre et dont nous ne parlerons pas, le gaz chlorhydrique, le gaz bromhydrique, le gaz iodhydrique, le gaz sulfhydrique, le gaz sélénhydrique et le gaz tellurhydrique; les autres sont alcalins : l'ammoniaque, l'hydrogène phosphoré; enfin les autres sont neutres, ce sont : l'hydrogène arsénié, l'hydrogène antimonié, et l'hydrogène silicié.

§ I . — Du gaz chlorhydrique.

Le gaz chlorhydrique est incolore, il possède une odeur forte et piquante. Sa densité = 1,27. Il répand à l'air humide des fumées blanches. Il est excessivement soluble dans l'eau, et cette solution est fortement acide au tournesol, elle donne avec l'azotate d'argent un précipité blanc insoluble dans l'acide azotique, mais soluble dans l'ammoniaque. Le gaz chlorhydrique peut être recueilli sur le mercure. Il est absorbé très rapidement et complètement par la potasse et par une solution d'azotate d'argent. Il l'est aussi par le sulfate de soude cristallisé qui a l'avantage de ne pas absorber le gaz sulfhydrique ni le gaz carbonique absorbables par la potasse.

Le gaz chlorhydrique est incomburant et incombustible.

§ II. — Du gaz bromhydrique.

Le gaz bromhydrique est incolore et il a beaucoup d'analogie avec le gaz chlorhydrique. Sa densité est = 2,71. Comme le gaz chlorhydrique, il est très soluble dans l'eau, et il répand à l'air humide d'épaisses fumées blanches. Sa solution, très acide au tournesol, forme avec le nitrate d'argent un précipité blanc, soluble dans l'ammoniaque et insoluble dans l'acide azotique. Mais le gaz bromhydrique, ou sa dissolution, est décomposé par le gaz chlore avec mise en liberté de brome, corps rouge, facile à reconnaître. Le gaz bromhydrique est complètement absorbé par la potasse, et par une solution d'azotate d'argent; comme le gaz chlorhydrique, il n'est ni comburant ni combustible.

§ III. — Du gaz iodhydrique.

Le gaz iodhydrique a également beaucoup d'analogie avec les deux gaz précédents: sa densité est 4,443. Il attaque le mercure, ce que ne fait pas le gaz chlorhydrique, et ce que fait insensiblement le gaz bromhydrique. Sa solution aqueuse, fortement acide, se décompose facilement avec mise en liberté d'iode. Cette solution donne avec l'azotate d'argent un précipité jaune insoluble dans l'acide azotique et dans l'ammoniaque. Il est absorbé complètement par la potasse et il est décomposé par un grand nombre de corps.

Lorsque l'on se trouve en présence d'un mélange de ces trois gaz, le moyen le plus commode de les caractériser consiste à les dissoudre dans l'eau ou dans la potasse, et à faire l'analyse qualitative de cette solution.

§ IV. — Du gaz sulfhydrique.

Le gaz sulfhydrique est incolore; il possède une odeur caractéristique d'œufs pourris; sa densité est 1,192. Il est soluble dans l'eau et absorbable complètement par la potasse. Il brûle avec une flamme bleuâtre et dépôt de soufre, lorsqu'on effectue sa combustion dans une éprouvette, dans laquelle l'air ne peut pas se trouver en excès. Il détone avec 1 fois $\frac{1}{2}$ son volume d'oxygène sous l'influence de la chaleur ou de l'étincelle électrique. Les produits de sa combustion sont : le gaz sulfureux, et de l'eau qui se condense. Ainsi, 2 volumes de gaz sulfhydrique, plus 3 volumes d'oxygène, soit 5 volumes, donnent après détonation 2 volumes de gaz sulfureux, par conséquent avec une absorption de 3 volumes sur 5. Le gaz sulfhydrique s'absorbe très aisément au moyen de l'acétate de plomb neutre cristallisé, ou en solution additionné d'un peu d'acide acétique; le sulfate de cuivre l'absorbe également. Dans certains cas on peut l'absorber au moyen d'une balle de bioxyde de manganèse, préalablement imprégnée d'acide phosphorique sirupeux.

§ V. — Des gaz sélénhydrique et tellurhydrique.

Ces gaz sont rares. Ils ont énormément d'analogies avec le gaz sulfhydrique.

Le *gaz sélénhydrique* est incolore et possède une odeur très forte et très mauvaise, qui ressemble beaucoup à celle de l'hydrogène sulfuré. Il est soluble dans l'eau; mais sa solution, primitivement incolore, se colore rapidement en rouge par suite du dépôt de sélénium. La potasse, l'acétate de plomb l'absorbent complètement. Il possède la même composition que l'hydrogène sulfuré, mais lorsqu'on le brûle dans une éprouvette, il abandonne un résidu rouge de sélénium.

Le *gaz tellurhydrique* est incolore, mais sa solution est rosée et laisse déposer au bout d'un certain temps un précipité brun de tellure. Le même dépôt brun se produit lorsqu'on enflamme dans une éprouvette du gaz tellur-hydrique. Il est absorbé par les mêmes réactifs que les deux gaz qui précèdent.

§ VI. — Du gaz ammoniac.

L'ammoniac est incolore, doué d'une odeur forte, piquante, qui provoque le larmoiement. Il est absorbé par l'eau et par la solution de potasse, grâce à l'eau de cette solution. La solution aqueuse est fortement alcaline, et, chauffée avec un alcali fixe, elle abandonne de nouveau le gaz ammoniac. Le chlorure d'argent absorbe l'ammoniac en assez grande quantité.

§ VII. — De l'hydrogène phosphoré.

L'hydrogène phosphoré est un gaz incolore qui possède une odeur alliacée. Il s'enflamme au contact de l'air lorsqu'il contient des traces d'hydrogène phosphoré liquide; mais s'il est parfaitement exempt de ce dernier corps, il ne possède la propriété de s'enflammer qu'à la température de 100°. Sa flamme est blanche et très éclairante. Il est très peu soluble dans l'eau et n'est pas absorbable par la potasse. Une solution de sulfate de cuivre, de même qu'une solution d'azotate d'argent, l'absorbent complètement. Ce gaz est rarement pur; il contient le plus souvent de l'hydrogène, ce qui fait qu'il reste souvent un résidu lorsqu'on le traite par le sulfate de cuivre.

L'hydrogène phosphoré peut jouer le rôle de base.

§ VIII. — De l'hydrogène arsénié.

L'hydrogène arsénié est incolore, son odeur est alliacée. L'eau en dissout une petite quantité, et il n'est pas absorbé par la potasse. Il brûle avec une flamme bleuâtre en produisant des fumées d'anhydride arsénieux. Lorsque cette combustion se fait dans une éprouvette, il se dépose sur les parois une couche noire d'arsenic. Cette couche disparaît rapidement par l'action de l'hypochlorite de soude, et par celle aussi de l'acide azotique. L'hydrogène arsénié forme avec une fois et demie son volume d'oxygène un mélange détonant. L'hydrogène arsénié est absorbé par une solution de sulfate de cuivre.

§ IX. — De l'hydrogène antimonié.

L'hydrogène antimonié est incolore, il n'est pas soluble dans l'eau et n'est pas absorbable par la potasse. Il brûle en laissant un résidu d'aspect métallique qui ne disparaît pas par l'hypochlorite de soude. Il est absorbé par le sulfate decuivre, mais incomplètement. car on n'a pu encore l'obtenir exempt de gaz hydrogène.

§ X. — De l'hydrogène silicié.

Ce gaz est incolore, insoluble dans l'eau et non absorbable par la potasse. Lorsqu'il est impur, il s'enflamme au contact de l'air en formant de la silice et souvent du silicium. Il s'enflamme en tout cas vers 100°, et lorsqu'on le fait brûler dans une éprouvette, il laisse un dépôt brun de silicium amorphe, facile à distinguer du dépôt d'antimoine ou d'arsenic. L'étincelle électrique le décompose également avec dépôt de silicium. Le sulfate de cuivre en solution l'absorbe ; il se forme du siliciure de cuivre.

ARTICLE II. — *Gaz non carburés mais oxygénés.*

Les gaz non carburés mais oxygénés sont les suivants : le protoxyde d'azote, le bioxyde d'azote, comme gaz neutres ; le gaz sulfureux, le gaz hypochloreux, le gaz chloreux, le peroxyde de chlore, comme gaz acides.

On peut y joindre le peroxyde d'azote, connu sous le nom d'acide hypoazotique ou de vapeurs nitreuses rouges. Le peroxyde d'azote est un corps liquide bouillant à 22°, mais dont la tension de vapeur est très forte.

Signalons aussi pour mémoire l'anhydride azoteux et les produits choroïdo-nitrés dont nous n'indiquerons pas les propriétés, ces corps se rencontrant très rarement.

§ I. — Du protoxyde d'azote.

Le protoxyde d'azote est incolore, inodore et doué d'une saveur sucrée. Sa densité est 1,527. Il entretient la combustion comme l'oxygène. Il n'est pas absorbé par la potasse, mais il se dissout dans son volume d'eau, et il est beaucoup plus soluble dans l'alcool absolu. Il forme avec son volume d'hydrogène un mélange détonant, en laissant après sa combustion un résidu d'azote égal au volume de gaz primitif. Cette détonation dans l'eudiomètre peut servir à faire l'analyse du protoxyde d'azote.

Le protoxyde d'azote n'est pas absorbé comme l'oxygène par l'acide pyrogallique et la potasse, ni par les solutions de sous-chlorure de cuivre, ni par le phosphore ; de plus, mélangé avec du bioxyde d'azote, il ne fournit pas de vapeurs rutilantes.

§ II. — Du bioxyde d'azote.

Le bioxyde d'azote est un gaz incolore, sa densité est 1,039. Il est presque insoluble dans l'eau et non absorbable par la potasse. Il absorbe la moitié de son volume d'oxygène pour former le peroxyde d'azote. Il se combine également avec l'oxygène de l'air, en fournissant les mêmes vapeurs rouges de peroxyde d'azote. Il entretient la combustion, mais moins facilement que l'oxygène, et que le protoxyde d'azote. Il forme avec son volume d'hydrogène un mélange détonant qui laisse après absorption un demi-volume d'azote.

Le bioxyde d'azote est absorbé par les protosels de fer qu'il colore en brun.

§ III. — Du gaz sulfureux.

Le gaz sulfureux est incolore, il possède une odeur piquante et suffocante ; sa densité est 2,234. Il est incombustible et incomburant. Il est soluble dans l'eau et il est absorbé par la potasse. Il est absorbé en outre par le borax, le bioxyde de plomb et le bioxyde de manganèse. Sa solution aqueuse, traitée par le zinc et l'acide chlorhydrique, produit un dégagement d'hydrogène sulfuré.

§ IV. — Du gaz hypochloreux.

Le gaz hypochloreux est jaune orangé, il a une odeur forte particulière ; sa densité est 2,977. Il est soluble dans l'eau, il est absorbé par la potasse. On peut chercher dans cette dissolution ses caractères chimiques. Il est décomposé avec explosion par l'action de la chaleur. Ce corps, lorsqu'il est refroidi, se liquéfie, et il se conserve très difficilement.

Lorsqu'on verse sa solution dans du sulfate d'indigo, ce dernier est décoloré. Mais si on ajoute au sulfate d'indigo une petite quantité d'acide arsénieux en solution chlorhydrique, la couleur bleue ne disparaît pas immédiatement parce que l'action se porte d'abord sur l'acide arsénieux.

§ V. — Du gaz chloreux.

Le gaz chloreux est jaune verdâtre comme le chlore. Il est soluble dans l'eau qu'il colore en jaune, et il est absorbé par la potasse. Sa solution décolore immédiatement la solution de sulfate d'indigo, même en présence d'acide arsénieux. Le gaz chloreux détone sous l'action de la chaleur. On ne peut le recueillir sur le mercure, car il attaque énergiquement ce liquide.

§ VI. — Du gaz peroxyde de chlore.

Le peroxyde de chlore est jaune foncé; il possède une odeur suffocante quoique douceâtre et aromatique, qui se rapproche de celle du caramel. Il est soluble dans l'eau et il est absorbé par la potasse. Il est décomposé par le mercure, qui laisse un résidu d'oxygène. La solution décolore immédiatement le sulfate d'indigo même en présence d'acide arsénieux. Il détone avec violence lorsqu'on le chauffe.

Remarque. — Les trois gaz qui précèdent sont tous facilement liquéfiables, ils restent même liquides jusque vers vingt degrés au-dessus de zéro; mais leur tension de vapeur est assez grande pour qu'on puisse les admettre parmi les gaz.

Art. III. — *Des gaz non carburés, fluorurés ou chlorurés.*

Les gaz de ce groupe sont au nombre de trois; ce sont: le fluorure de silicium, le fluorure de bore, et le chlorure de bore.

Signalons aussi, sans en décrire les propriétés, les vapeurs d'acide fluochromique.

§ I. — Du fluorure de silicium.

Le fluorure de silicium est un gaz incolore qui possède une odeur suffocante. Sa densité est 3,6. Il répand à l'air d'épaisses fumées blanches. Il est absorbé par la potasse. L'eau le décompose avec formation de silice gélatineuse et d'acide hydrofluosilicique. Il ne carbonise pas le papier.

§ II. — Du fluorure de bore.

Le fluorure de bore est un gaz incolore doué d'une odeur suffocante. Sa densité est 2,31. Il répand à l'air des fumées blanches et il est absorbé par la potasse et par l'eau. Ce gaz carbonise le papier, et ne précipite pas la solution de nitrate d'argent.

§ III. — Du chlorure de bore.

Le chlorure de bore est incolore; il fume à l'air et il est absorbé par l'eau et par la potasse. L'eau le décompose, avec production d'acide borique et d'acide chlorhydrique; aussi ce gaz précipite-t-il la solution de nitrate d'argent.

Remarque. — Ce gaz peut être facilement liquéfié. Le chlorure de bore liquide bout à 17°.

Art. IV. — *Des gaz contenant du carbone et de l'hydrogène.*

Ces gaz se divisent en deux groupes : ceux qui ne contiennent que du carbone et de l'hydrogène, ce sont les carbures d'hydrogène; et ceux qui, indépendamment de ces deux corps, en contiennent un autre, comme l'oxygène, l'azote ou le chlore.

Les carbures d'hydrogène gazeux peuvent appartenir à la série forménique, comme le gaz des marais ou hydrure de méthyle, l'hydrure d'éthyle, l'hydrure de propyle et l'hydrure de butyle; à la série éthylénique, comme l'éthylène ou gaz oléfiant, le propylène, le butylène, les vapeurs d'amylène; à la série acétylénique, comme l'acétylène et l'allylène. Un caractère commun à tous les carbures d'hydrogène est d'être combustibles et de ne fournir avec l'oxygène que de l'eau et de l'acide carbonique.

§ I. — Des carbures forméniques.

Les carbures forméniques ont pour caractères communs d'être incolores, de n'être absorbés ni par la potasse, ni par l'eau, ni par le sous-chlorure de cuivre, ni par l'eau bromée, ni par l'acide sulfurique concentré.

Le *formène* ou *gaz des marais* exige, pour brûler dans l'eudiomètre, 2 volumes d'oxygène. Il produit 1 volume d'acide carbonique. Il est très peu soluble dans l'alcool absolu, quoique ce dernier corps, employé en grand ecxès, puisse permettre de séparer le gaz des marais du gaz hydrogène.

L'*hydrure d'éthyle* absorbe, pour brûler, 3 fois et demie son volume d'oxygène en produisant 2 volumes d'acide carbonique. L'alcool absolu en dissout environ une fois et demie son volume.

L'*hydrure de propyle* exige, pour brûler, 5 fois son volume d'oxygène, et il produit 3 volumes d'acide carbonique. L'alcool absolu en absorbe environ 6 fois son volume.

L'*hydrure de butyle* exige, pour brûler, 6 fois et demie son volume d'oxygène en produisant 4 volumes d'acide carbonique. Il est encore plus soluble dans l'alcool que l'hydrure de propyle.

§ II. — Des carbures éthyléniques.

Les carbures éthyléniques sont incolores, ils sont peu solubles dans l'eau, ne sont pas absorbés par la potasse, mais sont assez solubles dans l'alcool et dans les liquides inflammables en général. L'eau bromée les absorbe aussi rapidement et complètement. Il en est de même du chlore gazeux. Ces carbures sont absorbés en petite quantité par le sous-chlorure de cuivre en solution chlorhydrique; la chaleur les chasse de leur solution. Le sous-chlorure de cuivre en solution ammoniacale ne les absorbe qu'insensiblement.

Le *gaz oléfiant* ou *éthylène* exige, pour brûler, 3 fois son volume d'oxygène en produisant 2 volumes de gaz carbonique. Il n'est absorbé que très lentement par l'acide sulfurique monohydraté, et grâce seulement à une agitation continuelle. Au bout de plusieurs milliers de secousses l'absorption peut être néanmoins complète.

Le *propylène* exige, pour brûler, 4 volumes et demi d'oxygène et il produit 3 volumes d'acide carbonique. Il est absorbé très rapidement par l'acide sulfurique fumant.

Le *butylène* absorbe en brûlant 6 volumes d'oxygène, et il produit 4 volumes d'acide carbonique. Il est absorbé par l'acide sulfurique et par l'alcool absolu. Ce dernier réactif en absorbe environ 20 fois son volume.

L'*amylène* est gazeux à la température ordinaire. Il absorbe, pour brûler, 7 volumes et demi d'oxygène et il produit 5 volumes d'acide carbonique.

§ III. — Des carbures acétyléniques.

Les carbures acétyléniques sont incolores, doués d'une odeur désagréable. Ils sont assez solubles dans l'eau et dans l'alcool, mais ne sont pas absorbés par la potasse. Ils le sont complètement par une solution ammoniacale de protochlorure de cuivre. Le brome les absorbe également ainsi que le sulfate chromeux en présence du chlorhydrate d'ammoniaque et de l'ammoniaque. (Berthelot.)

L'*acétylène* en s'absorbant par le protochlorure de cuivre donne un précipité rouge marron d'acétylure de cuivre. Il absorbe 2 volumes et demi d'oxygène pour former 2 volumes d'acide carbonique.

L'*allylène* diffère de l'acétylène en ce que le précipité avec le protochlorure de cuivre ammoniacal est jaune serin, et en ce que ce dernier gaz est facilement absorbé par l'acide sulfurique monohydraté, ce qui n'est pas le fait de l'acétylène, qui ne s'absorbe que très difficilement et grâce seulement à une longue agitation.

§ IV. — Des gaz qui, indépendamment du carbone et de l'hydrogène, contiennent un autre élément.

Ces gaz sont :

La *méthylamine*, gaz incolore à odeur caractéristique, combustible, très soluble dans l'eau, absorbable par l'eau de la potasse. Sa solution aqueuse est fortement alcaline.

L'*éther méthylique*, qui est incolore, soluble dans l'eau, dans l'alcool et dans l'éther, de même que dans une solution aqueuse de potasse. Il brûle avec une flamme blanche.

Le *chlorure de méthyle*, qui est incolore et doué d'une odeur agréable. Il est inflammable. Parmi les produits de sa combustion, on trouve le gaz chlorhydrique qui précipite le nitrate d'argent.

Le *fluorure de méthyle* est également inflammable. Parmi les produits de sa combustion se trouve l'acide fluorhydrique qui attaque le verre.

L'*éthylène monochloré* est un gaz incolore, insoluble dans l'eau, brûlant avec une flamme bordée de vert. Il se combine au chlore. Les produits de sa combustion contiennent de l'acide chlorhydrique qui précipite en blanc le nitrate d'argent.

ARTICLE V. — *Des gaz contenant du carbone et de l'oxygène.*

Ces gaz sont au nombre de quatre : le gaz acide carbonique, l'oxyde de carbone, le gaz chlorocarbonique et le gaz oxysulfure de carbone.

§ I. — De l'acide carbonique.

L'acide carbonique est un gaz incolore, ayant une odeur légèrement piquante. Sa densité est 1,529. Il est soluble dans l'eau ; il est absorbé par la potasse et ne l'est pas par le sulfate de soude cristallisé qui absorbe le gaz chlorhydrique ; ni par le borax, ni par le bioxyde de plomb, ni par le bioxyde de manganèse, ni par l'acétate neutre de plomb surtout si ce dernier est additionné d'acide acétique libre.

§ II. — De l'oxyde de carbone.

Ce gaz, incolore, inodore et insipide, est insoluble dans l'eau et n'est pas absorbé par la potasse. Il est absorbé en revanche par une solution chlorhydrique de sous-chlorure de cuivre.

Il brûle dans l'eudiomètre avec la moitié de son volume d'oxygène en donnant un volume d'acide carbonique égal au sien. Si l'oxyde de carbone se trouve en très petite quantité et mélangé avec des gaz incombustibles, il faut ajouter du gaz tonant.

§ III. — Du gaz chlorocarbonique.

Ce gaz est incolore; il possède une odeur vive provoquant le larmoiement. Il est décomposé par les alcalis en donnant des proportions équivalentes de chlorure et de carbonate.

§ IV. — Du gaz oxysulfure de carbone.

Ce gaz, qui est incolore, possède une légère odeur d'hydrogène sulfuré. Il brûle avec une flamme bleue, en produisant du gaz sulfureux et du gaz carbonique. Il absorbe 1 fois et demie son volume d'oxygène. Il se dissout dans l'eau, de même que dans les alcalis qui le décomposent avec formation de sulfure et de carbonate.

ARTICLE IV. — *Des gaz contenant du carbone et de l'azote.*

Ces gaz sont au nombre de deux : le cyanogène et le chlorure de cyanogène, qui est gazeux à la température ordinaire.

Le *cyanogène* est incolore, il possède une odeur qui rappelle celle des amandes amères; sa densité est 1,806. Il est assez soluble dans l'eau; il est absorbé par la potasse. La solution dans la potasse additionnée d'un mélange de sels ferreux et ferrique, puis d'acide chlorhydrique, est colorée en bleu par la présence du bleu de Prusse. Il brûle à l'air avec une flamme pourpre. Les produits de sa combustion sont le gaz carbonique et l'azote. Il absorbe, pour brûler dans l'eudiomètre, le double de son volume d'oxygène, et il laisse un volume d'azote égal au sien lorsqu'on traite par la potasse le produit de cette combustion.

Le *chlorure de cyanogène* est un gaz incolore absorbable par la potasse. Il n'est ni acide ni alcalin et n'est pas combustible. Il est liquide au-dessous de 15°5.

CHAPITRE II

MOYENS PRATIQUES A EMPLOYER POUR RECONNAITRE LA NATURE D'UN GAZ ISOLÉ

Un gaz simple étant donné, il est facile de déterminer sa nature, en un mot de le caractériser. Quelques essais suffisent le plus souvent, de même que l'emploi d'un très petit nombre de réactifs. On ne doit pas cependant procéder à tâtons dans une recherche de ce genre, on doit au contraire suivre méticuleusement une marche méthodique tracée à l'avance. On peut suivre pour atteindre le but désiré un grand nombre de méthodes. Toutes cependant ont pour point de départ les propriétés combustibles ou incombustibles des gaz, et le pouvoir que possède la potasse de les absorber ou de ne pas les absorber. Nous allons dans les pages qui suivent indiquer une méthode. Cette méthode, fondée sur des faits parfaitement connus, ne diffère que peu de celles généralement suivies.

. Nous divisons les gaz en quatre classes, comme il est indiqué dans le tableau suivant :

Le gaz est traité par la potasse en solution.
- Il est absorbé
  - Le gaz est combustible.... 1re classe.
  - Le gaz est incombustible.. 2e classe.
- Il n'est pas absorbé.
  - Le gaz est combustible.... 3e classe.
  - Le gaz est incombustible.. 4e classe.

Nous allons étudier successivement chacune de ces classes.

§ I. — Première classe de gaz.

Les gaz compris dans la première classe, c'est-à-dire ceux qui sont absorbables par la potasse et qui sont combustibles, sont également solubles dans l'eau, mais plus ou moins. Un papier de tournesol sensible, plongé dans leur solution aqueuse, permet de les diviser en gaz acides, gaz alcalins et gaz neutres.

Les gaz acides, dont un autre caractère est d'être absorbés par l'acétate de plomb qu'ils colorent en noir, produisent avec un corps oxydant quelconque des dépôts qui permettent de les caractériser.

Ainsi :

Un dépôt jaune de soufre   indiquera le *gaz sulfhydrique.*
Un dépôt rouge de sélénium indiquera le *gaz sélénhydrique.*
Un dépôt brun de tellure   indiquera le *gaz tellurhydrique.*

Ces réactions peuvent se faire, soit sur le gaz lui-même, soit sur la dissolution aqueuse du gaz.

Si le gaz est alcalin, c'est de la *méthylamine.* S'il est neutre, on ajoute à sa dissolution dans la potasse un mélange de sels ferreux et ferrique, puis un petit excès d'acide chlorhydrique. Il se forme du bleu de Prusse, cela indique que le gaz était du *cyanogène.* On peut en outre constater la couleur de la flamme, qui est d'un pourpre tout à fait caractéristique. Si la solution potassique du gaz ne donne pas la réaction ci-dessus avec les sels de fer et l'acide chlorhydrique, on observe l'odeur du produit de la combustion. Si cette odeur est celle du gaz sulfureux, le gaz était de *l'oxysulfure de carbone.* Si le produit de la combustion ne sent pas le gaz sulfureux et si la couleur de la flamme est blanche, on a affaire à de l'*éther méthylique.*

§ II. — Deuxième classe de gaz.

La deuxième classe comprend les gaz absorbables par la potasse et incombustibles.

Ils se divisent en gaz colorés; gaz incolores fumant à l'air, et gaz incolores ne fumant pas à l'air.

Les gaz colorés sont ou bien rouges, comme les *vapeurs nitreuses*, ou jaunes. Dans ce cas, on dissout un peu de gaz dans une lessive alcaline légère, et on verse cette lessive dans une petite quantité de liqueur chlorométrique additionnée d'acide chlorhydrique et d'une goutte ou deux de sulfate d'indigo. Les premières gouttes décolorent l'indigo; dans ce cas on recueille dans un tout petit tube plein de mercure le gaz que l'on étudie et l'on laisse agir : Le gaz *chloreux* est absorbé entièrement; le *peroxyde de chlore* est décomposé, et laisse de l'oxygène. Dans le cas où l'indigo n'aurait pas été décoloré par les premières gouttes de la solution gazeuse dans la potasse, ou chauffe un peu de gaz sous un tube; une petite détonation caractérise le gaz *hypochloreux*; l'absence de détonation caractérise le *chlore*.

Les gaz incolores fumant à l'air sont absorbés par l'eau. Mais ce liquide décompose le gaz *fluorure de silicium* avec dépôt de silice gélatineuse et formation d'acide hydrofluo-silicique, qui reste dissous dans l'eau et que l'on peut caractériser. Dans le cas où l'eau ne précipite pas de silice, on ajoute dans la solution aqueuse du nitrate d'argent : s'il ne se produit pas de précipité, le gaz est du *fluorure de bore*; s'il se produit un précipité jaune, c'est du *gaz iodhydrique*; s'il se produit un précipité blanc, on est obligé de traiter la solution par l'eau chlorée et le chloroforme. Une coloration jaune du chloroforme caractérise le *gaz bromhydrique*. Si le chloroforme ne se colore pas, alors on traite le gaz par l'alcool; on évapore à siccité, on reprend le résidu par l'alcool et on fait brûler cet alcool. Si sa flamme est verte, le gaz est du *chlorure de bore;* si sa flamme n'est pas verte, on a du *gaz chlorhydrique.*

Les gaz incolores ne fumant pas à l'air peuvent être alcalins, neutres ou acides.

Si le gaz est alcalin, c'est de *l'ammoniac;* s'il est neutre, c'est du *chlorure de cyanogène;* s'il est acide et inodore, c'est du *gaz carbonique;* s'il est acide et s'il possède une odeur de soufre brûlé, c'est du *gaz sulfureux;* enfin, s'il est acide et s'il possède une odeur vive provoquant le larmoiement, c'est du gaz *chlorocarbonique.* Dans ce dernier cas, si on traitait le gaz par de l'eau de baryte, on aurait du carbonate de baryte et du chlorure de baryum.

§ III. — Troisième classe de gaz.

La troisième classe de gaz est formée par ceux non absorbables par la potasse, mais combustibles.

On reconnaît facilement que ce gaz est de *l'hydrogène phosphoré,* si en le chauffant il s'enflamme en répandant une odeur alliacée caractéristique, ou bien de *l'hydrogène silicié* s'il laisse en brûlant un résidu brun de silicium. Si la chaleur n'agit pas sur le gaz, on l'enflamme dans l'éprouvette dans laquelle il est contenu, et alors on peut observer qu'il se produit des vapeurs blanches qui remplissent le tube et qui corrodent le verre. Ces vapeurs sont constituées par de l'acide fluorhydrique qui provient du gaz *fluorure de méthyle.* Quelques gouttes d'eau placées dans le tube dissolvent l'acide fluorhydrique, et si l'on vient à verser un peu de nitrate d'argent, on n'obtient pas de précipité. On obtient au contraire un précipité blanc de chlorure d'argent et le verre n'est pas corrodé si le gaz était de *l'éthylène monochloré.* La combustion peut aussi se faire en laissant sur les parois du tube des dépôts métalliques. Ces dépôts peuvent être constitués par de l'arsenic, si le gaz était de l'*hydrogène arsénié*; auquel cas il disparaît immédiatement par l'action de l'hypochlorite de soude; ou bien par de l'antimoine, et ne disparaît pas par ce même réactif, dans le cas où le gaz serait de l'*hydrogène antimonié*. D'un autre côté, le gaz peut ne pas s'enflammer spontanément lorsqu'on le chauffe, et lorsqu'il brûle il peut ne pas laisser de dépôt. On introduit dans l'eudiomètre rempli d'eau 2 centimètres cubes de gaz à analyser et 1 centimètre cube d'oxygène; on fait ensuite passer l'étincelle électrique. Après la combustion, on observe une absorption complète; le gaz était donc de l'*hydrogène*. Si l'absorption n'est pas complète, on introduit dans l'eudiomètre de la potasse; après cette addition, une absorption complète montre que le gaz analysé était de l'*oxyde de carbone*. Si au contraire l'absorption n'est pas complète, le gaz analysé est un *carbure d'hydrogène* qu'on caractérise comme il a été dit au chapitre précédent.

§ IV. — Quatrième classe de gaz.

La quatrième classe est formée par les gaz non absorbables par la potasse et incombustibles. Si l'on vient à répandre une partie du gaz à essayer dans l'air, la formation de vapeurs rutilantes indique le *bioxyde d'azote*. Dans le cas contraire, on plonge une allumette présentant un point en ignition au sein du gaz à caractériser : si l'allumette s'éteint, le gaz est de l'*azote*; si l'allumette se rallume, le gaz est de l'oxygène ou du protoxyde d'azote. On y introduit de la potasse et de l'acide pyrogallique : si le gaz s'absorbe, c'est de l'*oxygène*; s'il ne s'absorbe pas, c'est du *protoxyde d'azote*.

CHAPITRE III

DE L'ANALYSE DES MÉLANGES GAZEUX

L'analyse des mélanges gazeux est loin d'offrir la simplicité que présente la détermination de la nature d'un gaz simple. Néanmoins, si elle offre parfois des difficultés insurmontables, il arrive aussi quelquefois qu'elle s'effectue assez commodément.

Pour ce genre de détermination, on doit s'entourer de toutes les connaissances chimiques que l'on possède, tirer parti de tous les moyens dont on peut disposer et combiner l'emploi des appareils eudiométriques de façon à simplifier le plus possible le travail.

On doit aussi tenir grand compte de l'incompatibilité que possèdent entre eux certains gaz. Car, un gaz une fois reconnu permet d'exclure du mélange toute une catégorie d'autres gaz.

Ainsi, le chlore et les composés oxygénés du chlore ne peuvent pas exister à la lumière, et surtout en présence de l'eau, avec l'hydrogène, les carbures d'hydrogène et les gaz qui contiennent de l'hydrogène; pas plus qu'avec le cyanogène, l'oxyde de carbone et le gaz sulfureux. Le chlore néanmoins fait exception pour l'acide chlorhydrique, mais en revanche il ne peut exister en présence du bioxyde d'azote, tandis qu'avec ce corps peuvent se trouver les composés oxygénés du chlore. D'un autre côté, les gaz à réaction acide ne peuvent exister en présence des gaz à réaction alcaline; il en est de même du chlore, du fluorure de bore et du fluorure de silicium, du chlorure de bore, qui se comportent à l'égard des gaz alcalins, comme les gaz acides. L'oxygène, le gaz sulfureux, le cyanogène, ne peuvent se trouver en présence des acides sulfhydrique, sélénhydrique et tellurhydrique. A cette nomenclature on doit ajouter que l'oxygène est incompatible avec le bioxyde d'azote, l'acide iodhydrique, l'hydrogène arsénié humide, l'hydrogène antimonié humide et l'hydrogène silicié.

L'azote et le protoxyde d'azote sont au contraire compatibles avec tous les autres gaz.

Pour effectuer l'analyse qualitative et quantitative d'un mélange gazeux, car il est souvent difficile de faire l'une sans l'autre, on en introduit une certaine quantité dans l'eudiomètre plein de mercure bien sec, on mesure exactement le volume occupé par le gaz, et on introduit dans l'eudiomètre, par la branche latérale, un peu de potasse.

Trois cas peuvent se produire :

1° L'absorption est complète, les gaz constituant le mélange étant tous absorbables;

2° L'absorption est nulle, les gaz constituant le mélange n'étant pas absorbables;

3° L'absorption est partielle, les gaz constituant le mélange étant les uns absorbables, les autres ne l'étant pas.

§ I. — Cas des gaz absorbables par la potasse.

On fait l'analyse qualitative de la solution dans la potasse, et une fois éclairé sur la nature du mélange, on traite successivement le gaz dans l'eudiomètre par les réactifs appropriés pour absorber successivement les gaz absorbables. On peut aussi suivre la marche indiquée à la page 29, ou bien employer la pipette à gaz perfectionnée et faire agir les réactifs indiqués dans le chapitre premier de cette seconde partie, les uns après les autres, sur le gaz primitivement mesuré. On peut, le cas échéant, faire détoner dans l'eudiomètre une partie du gaz, privé préalablement par un traitement spécial d'un ou plusieurs gaz absorbables.

§ II. — Cas des gaz non absorbables par la potasse.

L'analyse d'un tel mélange gazeux peut se faire au moyen de l'eudiomètre seul, ou bien au moyen de l'eudiomètre, de la pipette-pompe à gaz et de la pipette perfectionnée.

Avec l'eudiomètre seul comme instrument de mesure d'absorption et de combustion, on doit opérer ainsi :

1° Absorber l'oxygène, s'il existe, par l'acide pyrogallique et la potasse, et noter le volume absorbé.

2° Si au lieu d'oxygène il se trouvait du bioxyde d'azote, on l'absorberait au moyen du sulfate de protoxyde de fer ou du sulfate double de fer et d'ammoniaque.

3° Après avoir tenu compte de l'absorption de l'oxygène ou de celle du bioxyde d'azote, on en débarrasse le gaz à analyser en l'agitant dans un flacon avec le réactif absorbant, et on introduit de nouveau ce gaz dans l'eudiomètre; on y ajoute une solution chlorhydrique de sous-chlorure de cuivre pour absorber l'oxyde de carbone; cette solution absorbe également les carbures acétyléniques.

4° On remplace alors le mercure de l'eudiomètre par de l'eau distillée, et on agite en renouvelant l'eau deux ou trois fois. Cette eau absorbe le protoxyde d'azote.

5° On ajoute de l'eau bromée et l'on agite; les carbures éthyléniques sont absorbés. On fait disparaître l'excès de brome par la potasse, et on lave l'eudiomètre qui ne peut contenir que de l'azote, de l'hydrogène et des carbures forméniques.

6° On fait l'analyse de ce mélange par la combustion, en présence d'un excès d'oxygène et en tenant compte du volume initial, du volume après la détonation, et du volume final après l'absorption de l'acide carbonique. Comme cette détermination demande à être faite sur le mercure, on transvase le gaz contenu dans l'eudiomètre dans une petite éprouvette en le plaçant dans une grande terrine pleine d'eau. On égoutte bien l'eudiomètre, on le remplit de mercure, on y·introduit une partie du gaz avec la pipette-pompe fonctionnant à l'eau. On mesure ce gaz, on y ajoute la quantité d'oxygène jugée nécessaire, on fait passer l'étincelle, on mesure le volume occupé par le produit de la combustion et on absorbe l'acide carbonique par la potasse. On absorbe ensuite l'excès d'oxygène en ajoutant de l'acide pyrogallique et l'on a comme résidu de l'azote. Ces résultats permettent d'établir la composition du mélange.

7° Dans le cas où le sous-chlorure cuivreux aurait absorbé une partie du mélange, on devrait, après avoir éliminé du gaz à analyser l'oxygène et le bioxyde d'azote, traiter par le sulfate chromeux en présence de l'ammoniaque et du chlorhydrate d'ammoniaque. Ce réactif absorberait les carbures acétyléniques. On n'aurait qu'à retrancher cette absorption de celle produite par le chlorure cuivreux pour connaître celle qui doit être attribuée à l'oxyde de carbone.

Si l'on peut disposer des pipettes à gaz en même temps que de l'eudiomètre, on gagnera beaucoup de temps en opérant successivement les absorptions dans des éprouvettes, et en mesurant chaque fois le gaz restant, dans la pipette perfectionnée.

Ce n'est qu'à la fin seulement qu'il faudra chasser le gaz dans l'eudiomètre pour le faire détoner.

Si on avait primitivement mesuré 10 centimètres cubes du mélange gazeux au moyen de la pipette-pompe fonctionnant au mercure, on aurait pu, sans aucun calcul et par de simples lectures, obtenir la composition centésimale du mélange.

§ III. — Cas où des gaz absorbables et non absorbables par la potasse sont mélangés.

Ici le problème se complique. On peut tout d'abord éliminer d'un coup tous les gaz absorbables par la potasse, prendre note du rapport dans lequel ils se trouvent et continuer l'analyse des gaz non absorbables comme il est dit plus haut.

Pour les gaz absorbables, on ne peut pas établir de règles. Suivant leur nature, on les absorbe successivement en tenant compte chaque fois de la diminution opérée dans le volume mis en expérience.

C'est dans ce cas, surtout, que l'emploi de la pipette à gaz perfectionnée se recommande.

Toutes les analyses usuelles rentrant dans l'un des trois cas que nous venons de considérer, nous croyons inutile de donner des exemples.

CONCLUSIONS

Nous pouvons résumer ainsi ce que nous venons de présenter sur l'analyse des gaz.

1° Nous croyons avoir indiqué des moyens rapides et exacts pour prendre d'un gaz quelconque le volume qu'on se propose de mesurer. A notre connaissance il n'existe pas d'appareils spéciaux pour ce genre de mesures. On est réduit le plus souvent à introduire du gaz dans un tube gradué, dans lequel on mesure le volume qu'il occupe, volume qu'on augmente ou qu'on diminue, par l'introduction ou par la sortie d'une ou plusieurs bulles gazeuses. Cette opération est très délicate et très difficile. Malgré les précautions que l'on peut prendre, les bulles gazeuses ont toutes un volume trop considérable pour qu'on puisse obtenir, d'un premier coup, une mesure précise; si cependant on y parvient, on doit l'attribuer plutôt au hasard qu'à l'habileté de l'opérateur. Avec les pipettes-pompes au contraire, l'opérateur le moins expérimenté peut immédiatement, sans incertitudes ni tâtonnements, effectuer la prise d'un volume gazeux déterminé. Les pipettes-pompes que nous employons ne jaugent pas plus de *10 centimètres cubes,* volume suffisant pour avoir une approximation de $\frac{1}{100}$. En établissant la valeur de cette approximation nous tenons à être à l'abri de toute critique. Car, avec un peu d'attention, nous pouvons parfaitement mesurer des $\frac{1}{2}$ divisions, c'est-à-dire des $\frac{1}{2}$ dixièmes de centimètre cube, et avoir en conséquence une approximation de $\frac{1}{200}$. Il n'y a pas avantage à avoir des pipettes-pompes d'une capacité plus grande, car leur fonctionnement pourrait laisser à désirer. Si l'on veut prendre plus de 10 centimètres cubes de gaz, on peut faire la prise en deux ou plusieurs fois. On aura toujours l'avantage d'opérer sûrement, et surtout beaucoup plus rapidement que par tout autre moyen.

2° Pour mesurer le volume occupé par un gaz, nous avons deux appareils : l'eudiomètre et la pipette à gaz perfectionnée. Le principe de ces deux appareils est celui des vases communiquants.

Ces instruments, en tant qu'instruments de mesure, peuvent se rapprocher de l'eudiomètre de M. Regnault; mais le principe n'en est pas le même, puisque dans ces appareils, les gaz sont mesurés à la pression atmosphérique et à la température ambiante.

Le remplissage de l'eudiomètre et l'introduction du gaz est une opération incontestablement plus longue que le remplissage d'une cloche à gaz, et que l'introduction d'un gaz dans cette cloche; mais, en revanche, la lecture du volume gazeux est plus rapide et plus exacte. Elle peut se faire en dehors de tout autre appareil, en dehors des cuves, et l'eudiomètre renfermant le gaz peut circuler dans tout un auditoire pour y porter le témoignage du résultat d'une expérience annoncée.

La pipette à gaz perfectionnée, qui, comme les pipettes à gaz de Etting, de Doyère et de Berthelot, peut servir à transvaser les gaz, a sur ces dernières l'incontestable supériorité d'être en même temps un instrument de mesure qui ne le cède en rien à tous ceux employés dans le même but. Cependant, quoique nous ayons utilisé nos pipettes comme instruments propres aux absorptions, nous devons dire que nous y avons renoncé pour effectuer ces dernières dans des éprouvettes spéciales. Disons tout de suite que nous y avons été amené par la difficulté de laver et de sécher nos instruments, chose qui n'est pas difficile lorsqu'il s'agit d'une petite éprouvette de 15 centimètres cubes de capacité. Le même reproche s'applique, au reste, à la pipette Doyère; car pour bien opérer par cette méthode, il faut, si on ne veut pas perdre un temps considérable, avoir autant de pipettes que d'absorptions à effectuer. De plus, ces absorptions dans des éprouvettes peuvent permettre l'emploi de réactifs solides; elles peuvent permettre également de dessécher chaque fois le gaz à analyser, et par conséquent la possibilité d'opérer avec des gaz secs aussi bien qu'avec des gaz saturés d'humidité.

3° La combustion dans l'eudiomètre présente cet avantage de pouvoir se faire en public, et en dehors des cuves à eau ou à mercure. On tient en effet l'eudiomètre à la main, et on peut montrer à tout le monde le phénomène qui se produit. Par contre, notre eudiomètre étant petit, et étant fait d'un verre relativement mince, si on le compare à l'épaisseur exagérée des anciens eudiomètres, on ne doit pas lui faire supporter des pressions excessives; aussi doit-on réduire le plus possible le volume du gaz qu'on veut faire détoner.

4° Enfin, l'exposé des méthodes classiques rapportées dans notre seconde partie montre que toutes les analyses sont possibles avec nos appareils, et que de plus toutes ces analyses peuvent devenir des expériences de démonstration. D'où découle, au point de vue de l'enseignement pur, la supériorité de notre méthode sur toutes celles préconisées jusqu'à ce jour.

TABLE DES MATIÈRES

Bordeaux. — Imp. G. GOUNOUILHOU, rue Guiraude, 11.

Appareils eudiométriques de C. BLAREZ.

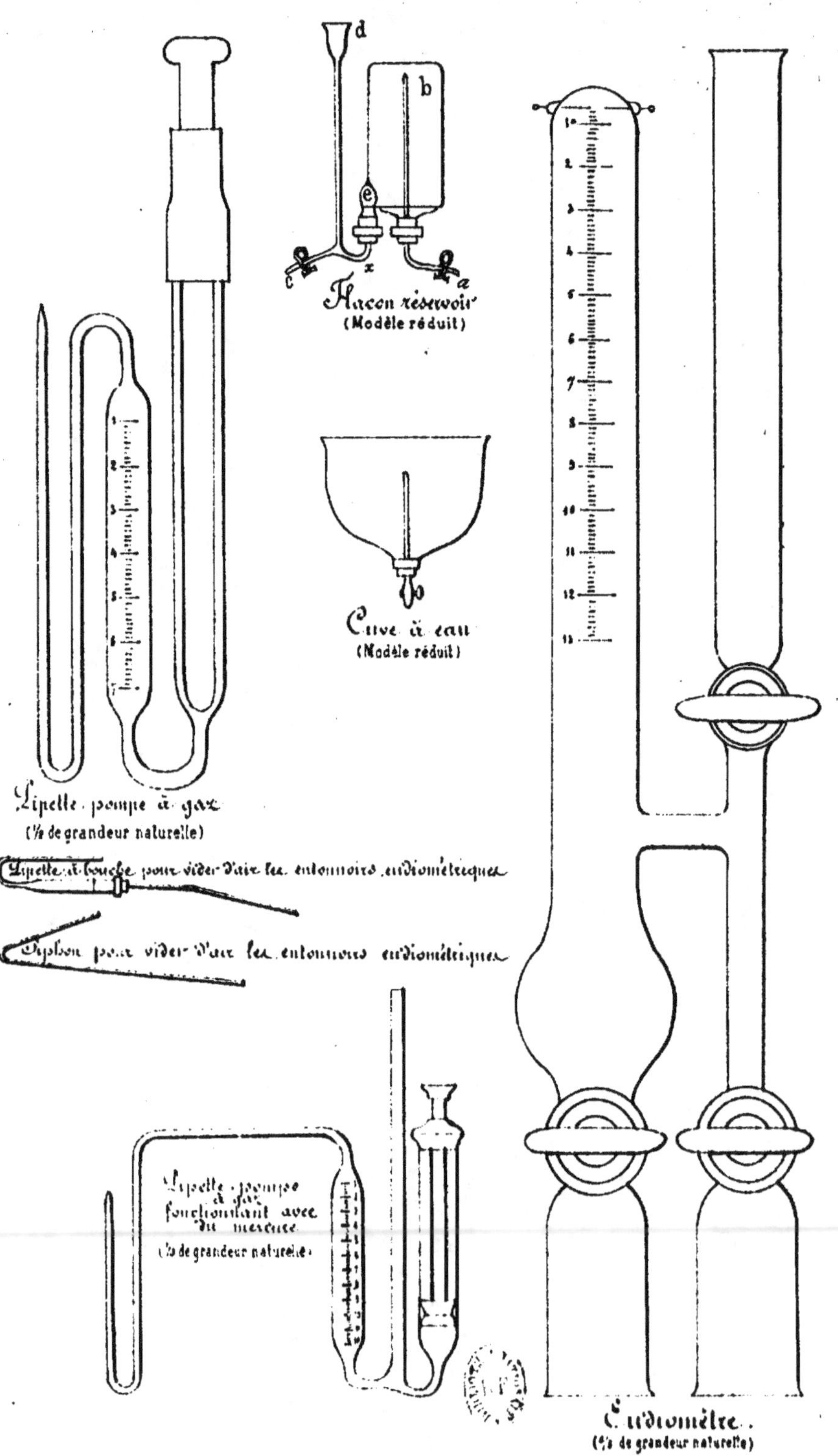

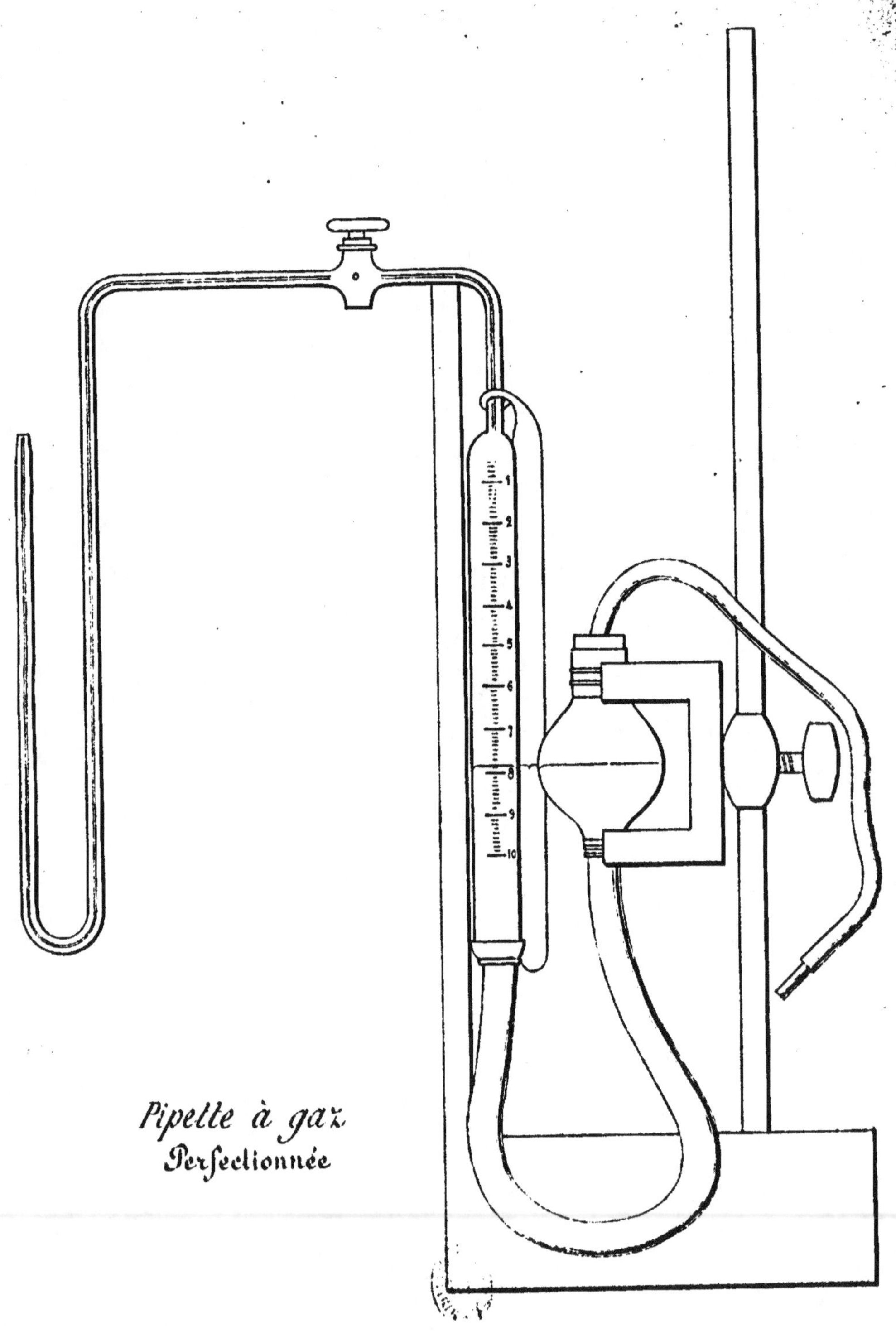

Pipette à gaz
Perfectionnée